Veikko Heintz

Betriebsgründung, Rechtsformen und Organisationsstrukturen in der Solidarischen Landwirtschaft

Herausgegeben vom Netzwerk Solidarische Landwirtschaft

Herausgegeben vom Netzwerk Solidarische Landwirtschaft e.V. Solidarische Landwirtschaft e.V. | Mittelstrasse 1 | 51149 Köln
www.solidarische-landwirtschaft.org

ABL Verlag
ABL Bauernblatt Verlags GmbH | Bahnhofstraße 31 | 59065 Hamm
www.bauernstimme.de

4. aktualisierte und überarbeitete Auflage, 2024
Klimaneutral gedruckt

Gestaltung, Cover und Infografiken: Andreas Bauermeister, Weimar

ISBN: 978-3-930413-65-2

Dieses Buch wurde mit Mitteln der Zukunftsstiftung Landwirtschaft ermöglicht. Unser herzlicher Dank gilt dieser Unterstützung.

GLS Treuhand
Zukunftsstiftung
Landwirtschaft

»Für die Menschen vom Ulenkrug, von denen ich die Landwirtschaft und die Liebe zu ihr gelernt habe«

Inhalt

Teil 3:
Alles was Recht ist –
Einführung in das Gesellschafts- und Steuerrecht 111

Vorworte

Vorwort von Wolfgang Stränz

Der Bochumer Rechtsanwalt und Notar Wilhelm-Ernst Barkhoff (1916–1994) – bekannt als Gründer der GLS-Bank – war auch an landwirtschaftlichen Fragen sehr interessiert. Er hat wichtige Impulse zur Gründung von Höfen in gemeinnütziger Trägerschaft seit dem Ende der 1960er Jahre gegeben und auch noch die Anfänge der Solidarischen Landwirtschaft Ende der 1980er Jahre auf dem Buschberghof mitgestaltet.

Barkhoffs Grundauffassung war folgende: Genauso, wie jedem Menschen ein Körper gegeben ist, ist für ihn ein anteiliges Stück Erde da. Für beides trägt er Verantwortung und will beides, zum Wohl aller, mit anderen zusammen einsetzen. Seine leiblichen Bedürfnisse sind der Inhalt und das Stück Erde – bewirtschaftet mit anderen zusammen und ergänzt um Dienstleistungen und Warenproduktion – sind das Maß des Wirtschaftens.

Idealerweise finden sich für einen Hof so viele Menschen zusammen, wie der Hof Morgen (¼ Hektar) an Land besitzt und übernehmen dort konkret das Risiko und die Verantwortung für die Bewirtschaftung, wie der Landwirt konkret die Sorge für die Ernährung dieser Menschen übernimmt. Dies sind die Grundbedingungen für die Solidarische Landwirtschaft.

Barkhoff nahm die Höfe als soziale Organismen wahr, mit den entgegengesetzten Polen (Agri-) Kultur und Ökonomie sowie den Rechtsverhältnissen der Menschen auf den Höfen als vermittelndes Glied zwischen beiden Polen. Barkhoff wusste aber auch: »Freiwilligkeit ist entscheidend für den Bestand einer Gemeinschaft, denn die Menschen neigen dazu, sich Verpflichtungen zu entziehen.«

Rechtsverhältnisse entstehen idealerweise nur zwischen Menschen, die gleiche Rechte besitzen. Sie sollen verträglich gestaltet werden, d. h. Menschen müssen sich vertragen wollen. Hieraus entstehen dann Verträge mit Regelungen, die auch Bestand haben wenn sich Menschen einmal nicht mehr vertragen wollen. Das ist der eigentliche Grund für die Suche nach Rechtsformen, nicht der, dass man ohne Rechtsformen nicht existieren könne.

Für Barkhoff waren die Rechtsverhältnisse nur Teil der sozialen Verhältnisse. So, wie die sozialen Verhältnisse von uns gestaltet werden, so sind auch die Rechtsverhältnisse gestaltbar, man müsste nur Willen und Phantasie dazu aufbringen.

Der bunte Strauß an Rechtsformen, den Veikko Heintz in diesem Buch zusammengetragen hat, macht deutlich, welche Möglichkeiten zur Gestaltung vorhanden sind. Es wird aber auch in diesem Buch deutlich, dass der Suche nach Rechtsformen ein Prozess der sozialen Gestaltung vorangehen muss.

Für die Zusammenstellung dieses Buches gebührt Veikko großer Dank. Immer wieder werden an die Akteure der Solidarischen Landwirtschaft Fragen herangetragen, für die dieses Buch Antworten geben kann.

Wolfgang Stränz
Hamburg, im Januar 2014

Vorwort von Mathias v. Mirbach

Das hier vorliegende Werk zu den Rechtsformen innerhalb der solidarischen Landwirtschaft ist ein Ausdruck der Dynamik, die innerhalb des Netzwerks Solidarische Landwirtschaft entstanden ist.

Wir haben das Netzwerk im Juli 2011 als Zusammenschluss von bestehenden Solidarhöfen, Initiativen und Einzelmitgliedern gegründet, um eine Plattform für Zusammenarbeit, Erfahrungsaustausch, Weiterbildung und Entwicklung zu bilden. Es geht allen Mitgliedern darum, das Entwicklungspotential der gemeinschaftsgetragenen Landwirtschaft zu fördern. Diese Arbeit wird sehr stark von den jüngeren Menschen getragen, weil sie in dieser Bewirtschaftungsform eine echte Zukunftsperspektive sehen. Die Zahl der Betriebe, die so wirtschaften wollen, hat sich in Deutschland in den letzten vier Jahren fast vervierfacht, und wir können bei der Begründung neuer Hofgemeinschaften inzwischen schon tatkräftig zur Seite stehen.

Aus dieser Netzwerkarbeit wurde relativ schnell klar, dass diese besondere Art der Landwirtschaft auch besondere Rechtsformen braucht, um dem Gemeinschaftsgedanken Rechnung zu tragen. Veikko Heintz hat sehr früh im Netzwerk für diese Fragestellungen gebrannt und sich die Aufgabe gestellt, die bestehenden Rechtsformen zu analysieren, um einen Leitfaden zu entwickeln.

Durch die intensiven und überaus einfühlsamen Interviews ist es ihm gelungen, die Vor- und Nachteile der jeweiligen Rechtsformen herauszuarbeiten. Damit kann er ein Werk vorlegen, das neuen Initiativen und Hofgemeinschaften hilft, die Suche nach »ihrer« Rechtsform zu erleichtern und den eigenen Weg zu finden.

Dafür möchte ich mich im Namen des Netzwerks ganz herzlich bedanken.

Mathias von Mirbach
Kattendorfer Hof, Januar 2014

Anmerkungen von Veikko Heintz zur zweiten, überarbeiteten Auflage

In den vergangenen drei Jahren hat sich die Solidarische Landwirtschaft sehr dynamisch weiterentwickelt. Viele Betriebe sind neu entstanden oder haben umgestellt und Betriebskooperationen haben sich entwickelt. Die Nachfrage nach Beratung und Begleitung im Betriebsaufbau und der Betriebsentwicklung wird zunehmend größer. Darauf hat das Netzwerk Solidarische Landwirtschaft reagiert und sein Angebot ausgebaut und eine Überarbeitung des Buches in Auftrag gegeben.

So fließen in die vorliegende überarbeitete Auflage neue Erkenntnisse und Erfahrungen aus der Arbeit des Berater*innenkreises im Netzwerk Solidarische Landwirtschaft ein. Ein Schwerpunkt der Überarbeitung lag in der besseren Darstellung des Prozesses der Entwicklung der Organisationsstruktur. Wichtig war auch die bessere Konzeptualisierung der Funktionsbereiche Betrieb, Trägerschaft, Verbrauchergemeinschaft in einer solidarischen Landwirtschaft und die Typisierung solidarischer Höfe. Die Darstellung der Organigramme von bestehenden Höfen wurde überarbeitet und neue Höfe wurden aufgenommen. Auch die Bereiche Gesellschaftsrecht und Steuerrecht mit Gemeinnützigkeit wurden aktualisiert.

In der Hoffnung mit dem vorliegenden Buch zur guten Entwicklung der solidarischen Landwirtschaft einen Beitrag zu leisten und die durch die Arbeit des Netzwerkes Solidarische Landwirtschaft in den letzten Jahren gesammelten Erfahrungen weitergeben zu können.

Veikko Heintz
Berlin, Frühjahr 2017

Einführung

Solidarische Landwirtschaft ist ein Betriebsmodell aber auch eine Perspektive für eine menschliche und nachhaltige Entwicklung der Landwirtschaft und das Verhältnis zwischen den beteiligten Menschen.

Dass sich die Solidarische Landwirtschaft in den letzten Jahren in Deutschland so dynamisch entwickelt hat, liegt daran, dass sie so vielfältige Bedürfnisse erfüllt. Für eine wachsende Gruppe von Menschen sind neben guten Nahrungsmitteln auch die gesellschaftlichen und globalen Folgen der Landwirtschaft wichtig. Für sie zählt nicht nur die ökologische und regionale Erzeugung von guten Lebensmitteln sondern auch die Erhaltung und Unterstützung einer bäuerlichen und sozial eingebundenen Landwirtschaft in einer vielfältigen Umwelt und Kulturlandschaft.

Solidarische Landwirtschaft kann dazu beitragen, das Bedürfnis nach gemeinsamer Gestaltung und Teilhabe und gesellschaftlicher Solidarität zu erfüllen. Menschen haben die Möglichkeit Landwirtschaft zu erleben, mitzugestalten und selbst produktiv tätig zu werden. Wichtige Ziele sind, Erzeuger*innen ein gutes Aus- und Einkommen und durch gute Arbeitsbedingungen eine zufriedenstellende Tätigkeit in der Landwirtschaft zu ermöglichen. Ebenfalls wichtig ist es ihnen Sicherheit und Wertschätzung zu geben. Das erfordert eine faire Entlohnung. Dazu kommt die Möglichkeit für einen Ausgleich sozialer Unterschiede in der Verbrauchergemeinschaft.

Solidarische Landwirtschaft ist die Gestaltung der landwirtschaftlichen Erzeugung und Verteilung der erzeugten Produkte in einer Versorgergemeinschaft aus landwirtschaftlichem Betrieb und Verbrauchergemeinschaft in gegenseitiger Verantwortung. Daraus resultiert eine großen Anzahl an Beteiligten und eine große Bandbreite, teils auch unterschiedlicher Interessen und Bedürfnisse. Das erfordert immer wieder eine Abstimmung dieser Interessen und Vorstellungen und deshalb eine stärkere Beachtung des sozialen Prozesses.

Das drückt sich auch in den Organisationsstrukturen und der Vielfalt der genutzten Rechtsformen in der solidarischen Landwirtschaft aus. Im Vergleich zu anderen, herkömmlichen Landwirtschaftsbetrieben kann die entstehende Organisationsstruktur komplexer und vielfältiger sein.

Die Rechtsform ist nicht die entscheidendste Komponente für eine gut funktionierende Solidarische Landwirtschaft. Vielmehr sind der Aufbau von Vertrauen, Wertschätzung und Respekt sowie die Fähigkeit zur Konfliktlösung von größter Bedeutung. Aber von der Wahl der Rechtsform sind viele materielle Aspekte betroffen, z. B. Haftung, wirtschaftliches Risiko und Vermögensaufbau, Verantwortung für Menschen. Eine gute rechtliche Struktur kann helfen, Konflikte zu vermeiden und unterschiedlichen Interessen und Bedürfnissen Raum zu geben und im Konfliktfall sicherzustellen.

Es ist hilfreich sich von dem Gedanken der optimalen Rechtsform zu verabschieden. Es ist eine Idealvorstellung, für alle Eventualitäten gewappnet zu sein. Das ist schwerlich zu erfüllen. Hingegen ist es gut Vertrauen, Pragmatismus und Kompromissfähigkeit zu entwickeln sowie den Mut Entscheidungen zu treffen. Aber es ist auch notwendig einen rechtlichen Rahmen zu bestimmen, in dem Haftung, Risiko und Entscheidungsbereiche eindeutig zugeordnet werden.

Menschen, die eine Solidarische Landwirtschaft gründen, sind oft nicht eng vertraut mit rechtlichen und steuerlichen Fragen. Manche schreckt die Auseinandersetzung mit der Thematik ab oder sie ist mit Unsicherheiten und Ängsten verbunden. Dieses Buch soll helfen, diese Angst abzulegen. Es soll den Menschen, die eine Solidarische Landwirtschaft aufbauen oder Teil darin sind, einen Handlungsleitfaden mitgeben, um die Gestaltung der Organisationsstruktur selber in die Hand zu nehmen und die dazu passenden Rechtsformen zu finden.

Dieses Buch ist kein rechtliches Nachschlagewerk, sondern bietet einen Einstieg für eine eigenständige Vertiefung. Es wird deshalb für die Richtigkeit juristischer Aussagen keine Gewähr übernommen. In diesem Buch sollen auch keine bestimmten Rechtsformen empfohlen werden sondern die Möglichkeiten und Grenzen und die Vor- und Nachteile dargestellt werden. Stattdessen wird empfohlen für Detailfragen, z. B. für die Ausarbeitung von Verträgen und bei der Gründung eines Betriebes, einen Rechtsanwalt und/oder Steuerberater zu suchen, der die Solidarische Landwirtschaft auch langfristig begleitet.

Wegweiser durch das Buch

Erster Teil: Der Weg zur richtigen Rechtsform

Im ersten Teil werden unterschiedliche Funktionsbereiche sowie unterschiedliche Typen einer solidarischen Landwirtschaft vorgestellt. Aspekte und Kriterien für die Wahl der Rechtsform und Gestaltung der Organisationsstruktur werden näher betrachtet und anschließend der soziale Prozess der Suche nach der passenden Rechtsform und Organisationsstruktur in sieben Schritten dargestellt.

Zweiter Teil: So organisieren sich bestehende Höfe

Der zweite Teil beruht auf einer Umfrage unter Solidarhöfen und stellt in anschaulichen Organigrammen die Vielfalt und Bandbreite von verschiedenen Solawis dar. Organisationsstrukturen können durch Rechtsformen und weitere vertragliche Vereinbarungen gestaltet und so die Beziehung zwischen Verbrauchergemeinschaft, Betrieb und ggf. Träger bzw. Eigentümern den Bedürfnissen angepasst werden. Beispiele für solche Vereinbarungen gibt es bei der Beratung des Netzwerk Solidarische Landwirtschaft.

Dritter Teil: Alles was Recht ist

Der dritte Teil gibt einen Überblick über Gesellschafts- und Steuerrecht um grundlegende Fragen bei der Gründung oder der Entwicklung einer solidarischen Landwirtschaft diskutieren zu können. Auf die Sonderstellung der Landwirtschaft und den steuerlichen Tatbestand der Gemeinnützigkeit wird dabei Bezug genommen. Weiterführende Literatur, hilfreiche Informationen und Kontakte werden im Anhang genannt.

Teil 1

Die passende Rechtsform – Ein sozialer Prozess

Solidarische Landwirtschaft ist so vielfältig wie die Menschen die sie leben. Daher gibt es für die Gestaltung der Organisationsstruktur kein Patentrezept, sondern sie muss sich an den Bedürfnissen der beteiligten Menschen orientieren. Es gibt Solidarhöfe, die aus bereits existierenden landwirtschaftlichen (Familien-) Betrieben entstehen, andere entstehen durch die Neugründung eines Betriebes, wieder andere aus einer Verbraucherinitiative, um sich gemeinschaftlich mit guten Lebensmitteln zu versorgen. Entsprechend unterschiedlich sind die Organisationsstrukturen, die Höfe entwickeln.

Die Wahl der Rechtsform, der Organisationsstruktur und der damit verbundenen Vereinbarungen sind wichtige Festlegungen, denn es geht um die Erfüllung menschlicher Bedürfnisse und ganz persönlicher Interessen. Deren Vielfalt macht die Abstimmung von Gemeinsamkeiten und Unterschieden und die Identifizierung und Festlegung gemeinsamer Ziele notwendig. Damit sind Aushandlungen und Abwägungsentscheidungen verbunden, die in einem sozialen Prozess gestaltet werden müssen. Der soziale Prozess hat auch deshalb eine besondere Bedeutung, damit die getroffenen Entscheidungen einen starken Rückhalt finden.

Wertschätzung Transparenz und Vertrauen sind dabei essentiell für ein gemeinsames, konstruktives Arbeiten und es ist hilfreich, mit Pragmatismus und Gelassenheit an die Sache heranzugehen. Aber Transparenz und Vertrauen sind auch hohe Ansprüche, die nicht immer einfach umgesetzt werden können. Nicht nur deshalb sind Abmachungen und klare Regeln sinnvoll, die sich dann zuletzt auch in den gemeinsamen Vereinbarungen, der Rechtsform und der Organisationsstruktur ausdrücken.

Funktionsbereiche in der solidarischen Landwirtschaft

In der Versorgergemeinschaft einer solidarischen Landwirtschaft lassen sich **drei Funktionsbereiche** unterscheiden, nämlich Betrieb, Verbrauchergemeinschaft und gegebenenfalls Trägerschaft.

Dabei ermöglicht die ● **Verbrauchergemeinschaft** den Betrieb, in dem sie die landwirtschaftliche Produktion finanziert. Im Gegenzug erstellt der ● **Betrieb** durch seine landwirtschaftliche Tätigkeit die Erzeugnisse und versorgt damit die Gemeinschaft. Ein einfaches System von Gegenseitigkeit und Solidarität. In manchen Fällen gibt es darüber hinaus einen ● **Träger** für das Eigentum an Land und Hof, manchmal auch für Inventar und Produktionsmittel des Betriebs.

Eine solche schematische Unterscheidung muss nicht zwingend zu einer Trennung in drei separate Rechtsformen führen. In der Praxis gibt es sehr unterschiedliche Typen und Organisationsstrukturen. Hinter diesen Funktionsbereichen stehen manchmal auch unterschiedliche Menschen mit möglicherweise unterschiedlichen Zielen, Interessen und Motivationen. Aus diesem Grund kann es hilfreich sein diese Bereiche erst einmal gedanklich und dann bei Bedarf in der Struktur voneinander zu trennen.

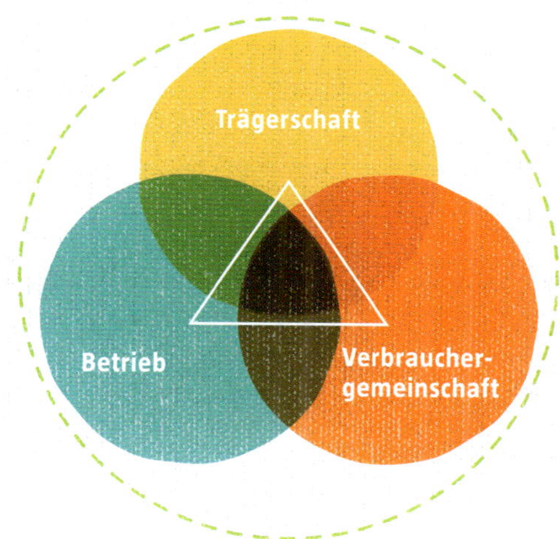

Die drei Funktionsbereiche der solidarischen Landwirtschaft.

Die Verbrauchergemeinschaft

Die Verbrauchergemeinschaft besteht aus allen Menschen, die Produkte erhalten und die den landwirtschaftlichen Betrieb und die darin arbeitenden Menschen solidarisch durch ihre finanziellen Beiträge und/oder anderes Engagement tragen. Das erfordert in der Regel keine eigene Rechtsform und grundsätzlich ist es auch sehr empfehlenswert die Struktur schlank und einfach zu halten.

Oft existiert einfach eine verbindliche (schriftliche) Vereinbarung zwischen dem Betrieb und den Mitgliedern der Verbrauchergemeinschaft (Mitgliedschaft, Wirtschaftsvertrag, Vertrag zum Vertragen, o.ä.). In Verbindung mit einer Einzugsermächtigung kann sie den Aufwand für die Organisation des Zahlungsverkehrs erheblich verringern. Die Verbrauchergemeinschaft kann aber auch den Betrieb von der Aufgabe der Erfassung der Mitgliedsbeiträge entlasten und/oder die Abgabe der Produkte übernehmen und organisieren.

Der Abschluss von Wirtschaftsverträgen zwischen den Einzelmitgliedern der

Verbrauchergemeinschaft und dem Betrieb ist meist ausreichend und oft die einfachste Lösung. Bei der Formulierung der Verträge muss jedoch darauf geachtet werden, dass es nicht ungewollt zu einer Gründung einer Gesellschaft auf Verbraucherseite kommt, die mit Vertretungs- und Haftungsansprüchen verbunden ist. Es muss im juristischen Sinne zwischen parallel abgeschlossenen zweiseitigen Verträgen (Kauf-, Abo- oder Wirtschaftsverträge) zwischen Hof und Einzelmitglied und der Bildung eines Zusammenschlusses der Mitglieder zu einer Gemeinschaft unterschieden werden. Die letztere kann rechtlich als implizite Gründung einer Vereinigung oder Gesellschaft (GbR, n. e. V.) interpretiert werden (vergleiche RÜTHER, 2015[1]).

Möglich ist auch, dass eine Person eine treuhänderische Kontoführung übernimmt, solange sie sehr vertrauenswürdig ist. Auch dies kann u. U. als GbR ausgelegt werden, je nach Vorhandensein und Inhalt einer Satzung auch als nicht eingetragener Verein, und mit der Nachweisführung der Treuhänderschaft verbunden sein. Auch aus diesem Grund sollte der Formulierung von »Mitgliedschaftsverträgen« ein besonderes Augenmerk geschenkt werden.

Eine eigene Rechtsform kann hilfreich oder notwendig sein, wenn die Verbrauchergemeinschaft eigenständig tätig werden möchte. Die Organisation der Verbrauchergemeinschaft ist aufgrund der ideellen Ziele von Solawi in einem (Ideal-) Verein möglich. Das ist jedoch keine gemeinnützige Tätigkeit. Grundsätzlich kommen aber auch andere Rechtsformen in Frage, je nachdem, in welchem Maße die Gesellschaft eigenständig tätig werden möchte.

Bei der Gründung einer eigenen Gesellschaft auf Seite der Verbraucher ist zu beachten, dass ggf. gewerbe- und lebensmittelrechtliche Fragen betroffen sein können. Das hängt davon ab, ob die Depots gleichzeitig Verkaufsstellen des Hofes sind, oder die Mitglieder die Produkte auf dem Hof erwerben und in Selbsthilfe untereinander verteilen.

Wenn die Verbrauchergemeinschaft (oder auch der Betrieb) über die Solawi hinaus weitere kulturelle oder politische Ziele verfolgen soll, kann es sinnvoll sein, dies unabhängig, neben der solidarischen Landwirtschaft, zu betreiben. Dazu ist dann üblicherweise ein zusätzlicher (gemeinnütziger) Verein ein geeignetes Mittel Es sollten konkrete Ziele und Gründe für eine Vereinsgründung vorliegen. Ein Verein ist wie jede Rechtsform Mittel zum Zweck, aber nicht Selbstzweck.

---

1 Rüther, T. (2015), Arbeitsblatt VI, Rechtsfragen der solidarischen Landwirtschaft

Der landwirtschaftliche Betrieb

Der landwirtschaftliche Betrieb ist der Kern jeder Solidarischen Landwirtschaft und der Träger der landwirtschaftlichen Produktion. Dafür kommt praktisch jede für landwirtschaftliche Betriebe übliche Rechtsform in Frage.

Neben der Funktion gute Nahrungsmittel zu produzieren, erfüllt der landwirtschaftliche Betrieb aber auch weitere soziale, kulturelle, politische und ökologische Funktionen. Er ist ein Arbeits- und Lebensort und mit Geschichte und Geschichten verbunden. Der landwirtschaftliche Betrieb hat also in der Organisationsstruktur auch viele soziale Aspekte. Diesen kommt in der solidarischen Landwirtschaft eine wichtige Bedeutung zu.

Von der Rechtsform des Betriebs ist die Zuordnung von Geschäftsführung, Außenvertretung, Haftung und Risiko, Eigentum und Zuordnung von Entscheidungsbereichen abhängig. Sie werden im Abschnitt Gesellschaftsrecht beschrieben und in ihren Konsequenzen im Abschnitt »Kriterien für die Rechtsformwahl« besprochen. Von der Wahl der Rechtsform hängen z. B. auch die Möglichkeiten von Investitionen ins Betriebsvermögen und der finanziellen Beteiligung der Verbrauchergemeinschaft ab, aber auch steuerliche Fragen.

Im Wesentlichen stellt sich die Frage welche Person oder Personen die Betriebsinhaber*innen sind. Klassischerweise sind das die Landwirt*innen, die in selbständiger Tätigkeit als Einzelunternehmer*in oder einer Betriebsgemeinschaft als GbR oder auch in einer Gesellschaft den Betrieb führen. Es ist aber auch möglich, dass die Verbrauchergemeinschaft, z. B. als Genossenschaft, Verein oder in anderer Rechtsform, Betriebsträger ist. Die unterschiedlichen Typen einer solidarischen Landwirtschaft, die sich daraus ergeben können werden weiter unten dargestellt.

Die (Eigentums-) Trägerschaft

In einigen Fällen stellt sich darüber hinaus die Frage einer unabhängigen Eigentums-Trägerschaft. Oft befindet sich die Betriebsfläche im Eigentum eines Betriebes, der ggf. weitere landwirtschaftliche Flächen dazu pachtet oder im Laufe der Zeit erwirbt. In manchen Fällen befindet sich aber auch der Hof, das Land oder in einigen Fällen sogar auch das Betriebsvermögen in einer gemeinsamen oder in einer unabhängigen zweckgebundenen Trägerschaft bzw. es soll eine solche gebildet werden. Manchmal ist damit das Ziel einer gemeinschaftlichen

Eigentumsstruktur verbunden oder das Ziel, den landwirtschaftlichen, bäuerlichen oder ökologischen Charakter der Bodennutzung zu sichern und z. B. einen Verkauf langfristig auszuschließen.

Es sollten dabei verschiedene Fälle unterschieden werden. Ein **gemeinsames Eigentum** ist in vielen Formen möglich, z. B. als Eigentümergemeinschaft in einer GbR oder einer GmbH. Dann stellt sich die Frage, wer Miteigentümer*in oder Gesellschafter*in ist und wie das Innenverhältnis geregelt ist. Dies ist vor allem für den Fall des Ausscheidens eines Teils aus der Gemeinschaft von Bedeutung. Eine Eigentümergemeinschaft kann z. B. aus den Landwirt*innen als Gesellschafter*innen bestehen. Das gemeinsame Eigentum an Grund und Boden könnte aber auch bei der Verbrauchergemeinschaft liegen, wenn die Mitglieder der Verbrauchergemeinschaft die Gesellschafter*innen und damit Eigentümer*innen wären.

Von diesem gemeinsamen Besitz sollte die unabhängige Eigentumsträgerschaft unterscheiden werden, bei der es um die **langfristige Zweckbindung** des Bodens und des Hofes geht. Grundsätzlich kommt dafür auch fast jede Rechtsform in Frage, klassischerweise aber die Gründung einer Körperschaft, z. B. einer Stiftung oder eines Vereins, aber auch einer GmbH mit entsprechender Zielsetzung.

Es soll an dieser Stelle betont werden, dass damit keine Gemeinnützigkeit verbunden ist. Gemeinnützigkeit ist ein rein steuerlicher Tatbestand ist und eine gemeinnützige Körperschaft darf nicht im Sinne einer wirtschaftlichen Förderung seiner Mitglieder tätig werden. Eine steuerliche Gemeinnützigkeit eines Trägers darf deshalb durch die Rechtsverhältnisse zum landwirtschaftlichen Betrieb nicht gefährdet werden. Dies ist u. a. bei der Pachtvertragsgestaltung zu beachten.

Überschneidungen von Funktionsbereichen

Diese Funktionsbereiche überschneiden sich in der Praxis oft zu Mischformen. Wenn z. B. der landwirtschaftliche Betrieb in Form einer GbR, GmbH oder auch Genossenschaft aus Landwirt*innen auch Eigentümer von Grund und Boden ist, würde die Betriebsgemeinschaft der Eigentümergemeinschaft entsprechen. Dies wäre ein Fall von gemeinsamem Eigentum am Betrieb und Grund und Boden. In einer Trennung der Betriebsgemeinschaft vom Grundeigentum würde der Betrieb den Boden von einer Trägergesellschaft dagegen pachten. Dies würde eher dem Bild einer langfristigen Zweckbindung des Eigentums entsprechen. Es wäre jedoch zu klären, wer die Trägergesellschaft gestaltet und wie sie gestaltet wird. Möglich wäre auch ein verbrauchergetragener Betrieb in fast jeder Rechtsform. Verbrauchergemeinschaft und Betrieb würden also zusammenfallen. Dies würde dem Bild eines verbrauchergetragenen Unternehmens entsprechen. Möglich wäre auch dann, dass das Eigentum am Grund und Boden beim Betrieb selbst oder vom Betrieb getrennt bei einem Träger liegt. Die Möglichkeiten und Überschneidungen sind vielfältig, deshalb sollen im nächsten Abschnitt unterschiedliche Funktionstypen voneinander unterschieden werden.

Es sollte beachtet werden, dass die Interessenlage und die Ziele und auch der Charakter der Bewirtschaftung unterschiedlich sind, je nachdem wer Eigentümer*in des Unternehmens ist. Im ersten Fall sind die Landwirt*innen selbständige Unternehmer und Eigentümer*innen, im zweiten Fall meist angestellt und abhängig beschäftigt, während die Mitglieder der Verbrauchergemeinschaft als Gesellschafter des Betriebes die wirtschaftliche Verantwortung, Haftung und Gestaltung übernehmen.

Es sollte auch bedacht werden, dass sich aus der Trennung von Eigentum und Betrieb weitere Konsequenzen ergeben. Die Zuständigkeit für die Erhaltung von Gebäuden muss geklärt und geregelt werden, ebenso der Umgang mit Investitionen und dem Aufbau von Betriebsvermögen und der Erstellung von Gebäuden. Hier sind schnell Ausgleichsansprüche und damit Haftungsfragen des Trägers betroffen. In solchen Fällen sind schriftlich Vereinbarungen unbedingt notwendig. Diese Fragen können nur im Gesamtzusammenhang von Betrieb und Trägerschaft geklärt werden und sollten unbedingt mit rechtlicher Beratung und Begleitung verbunden sein. Das Thema Trägerschaft übersteigt den Rahmen dieses Buches jedoch und soll deshalb hier nicht weiter ausgeführt werden. Für die Entwicklung einer Solidarischen Landwirtschaft kann es deshalb hilfreich sein, die Entwicklung einer Trägerschaft von der Entwicklung des Betriebes zu entkoppeln.

Unterscheidung von Typen der solidarischen Landwirtschaft

Die Anzahl der solidarisch wirtschaftenden Betriebe, als auch die Vielfalt der Modelle, hat in den letzten Jahren sehr zugenommen. Es können verschiedene Typen unterschieden werden, abhängig vom Verhältnis des Betriebs zur Verbrauchergemeinschaft. Relevant ist dabei auch, ob die Initiative zur Gründung von einer Verbrauchergemeinschaft oder von einem landwirtschaftlichen Betrieb ausgegangen ist, in wessen Eigentum sich der Betrieb befindet und von wem die grundsätzlichen Entscheidungen getroffen werden.

RÜTHER (2015) unterscheidet drei grundsätzliche Formen der solidarischen Landwirtschaft, je nach Verhältnis der Verbrauchergemeinschaft zum landwirtschaftlichen Betrieb und dem Grad, in dem die Verbrauchergemeinschaft unternehmerisches Risiko übernimmt und sich als eigenständige Gesellschaft und Zusammenschluss organisiert. Diese sollen nachfolgend vereinfacht dargestellt werden.

Typ1: Einzelvertrag

Typ2: Kooperation

Typ3 Einheit

Die Varianten unterscheiden sich tendenziell in der Frage, welche Personen oder Gruppen den landwirtschaftlichen Betrieb führen und sind deshalb oft von der Entstehung des Betriebes abhängig. So kann z. B. auch in der ersten Variante der landwirtschaftliche Betrieb in einer haftungsbeschränkten Rechtsform geführt werden. Bei der Gründung einer eigenständigen Gesellschaft auf Seiten der Verbrauchergemeinschaft, wie bei Typ 2 und Typ 3, sollte beachtet werden, dass weitere steuerliche, ggf. auch gewerberechtliche und lebensmittelrechtliche Fragen relevant werden können (RÜTHER, 2015).

Typ 1 – Einzelvertrag

Typ 1 kann als einfachstes Modell der solidarischen Landwirtschaft beschrieben und als **Einzelvertragstyp** bezeichnet werden. Dabei kooperiert ein landwirtschaftlicher Betrieb mit den Mitgliedern der Verbrauchergemeinschaft über einzeln abgeschlossene Wirtschaftsverträge. Der Abschluss von einzelnen Wirtschaftsverträgen ist dabei nicht das charakterisierende Merkmal, sondern, dass aus den einzelnen Wirtschaftsverträgen kein (impliziter) eigenständiger Zusammenschluss der Verbraucher*innen (Gesellschaft, Vereinigung) erwächst. Das Rechtsverhältnis ist formal ein Ratenkaufvertrag über die Ernteanteile, dessen Kaufpreis sich auf die Erstellungskosten bezieht. Bei der Erstellung der Verträge ist darauf zu achten, die gegenseitigen Rechte und Pflichten herauszuarbeiten, so dass nicht faktisch durch die Festlegung gemeinsamer Pflichten und Vertretungsregelungen auf Seiten der Verbraucher*innen eine eigenständige Gesellschaft entsteht. Der Wirtschaftsvertrag muss ebenfalls von einer Innen- oder stillen Gesellschaft abgegrenzt werden und sich auf den bloßen Ratenkauf beziehen (RÜTHER, 2015).

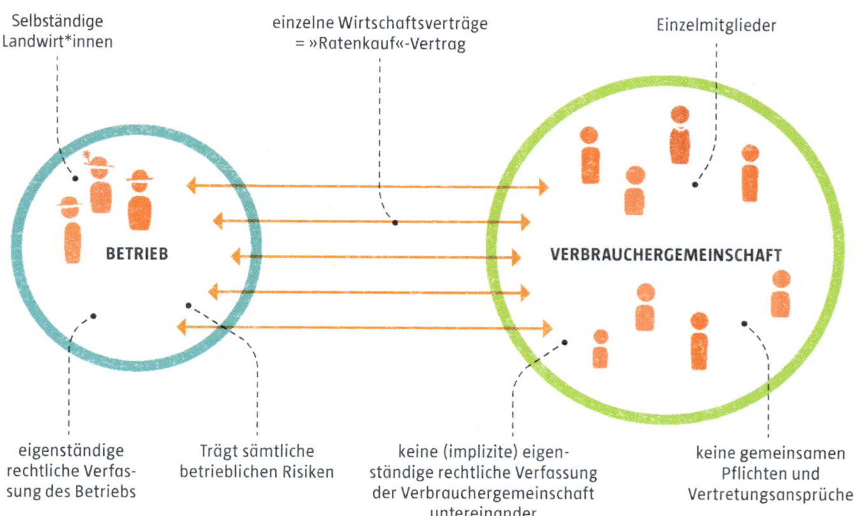

SoLawi-Typ 1: Betrieb und Verbraucher schließen Einzelverträge ab.

Typ 2 – Kooperation

Typ 2 kann als **Kooperationstyp** bezeichnet werden. Dabei steht einem eigenständigen landwirtschaftlichen Betrieb eine Verbrauchergemeinschaft gegenüber, die als eigenständige Gesellschaft oder Vereinigung konstituiert ist. Diese kann durch Gründung und Eintragung einer eigenen Rechtsform (z. B. als e. V. oder eG) entstehen, aber auch unbeabsichtigt, implizit durch eine wie oben beschriebene Vertragsgestaltung. Eine weitere Möglichkeit ist die Bildung eines nicht rechtsfähigen Vereins, der nicht eingetragen wird und sich durch die Erstellung einer Vereinssatzung von der GbR abgrenzen lässt. In diesem Modell übernimmt der landwirtschaftliche Betrieb über den Kooperationsvertrag landwirtschaftliche unternehmerische Belange und Betriebsrisiken, während die Verbrauchergemeinschaft als eigenständiger Zusammenschluss im Rahmen der jährlichen Wirtschaftsvereinbarung das Produktions- und Absatzrisiko und die Mitglieder ggf. weitere Mitarbeitsverpflichtungen übernehmen. Von rechtlicher Seite sind bei der Gründung einer solchen solidarischen Landwirtschaft die innere rechtliche Verfassung des landwirtschaftlichen Betriebs, die innere rechtliche Verfassung der Verbrauchergemeinschaft sowie das Rechtsverhältnis zwischen landwirtschaftlichem Betrieb und Verbrauchergemeinschaft zu gestalten (RÜTHER, 2015).

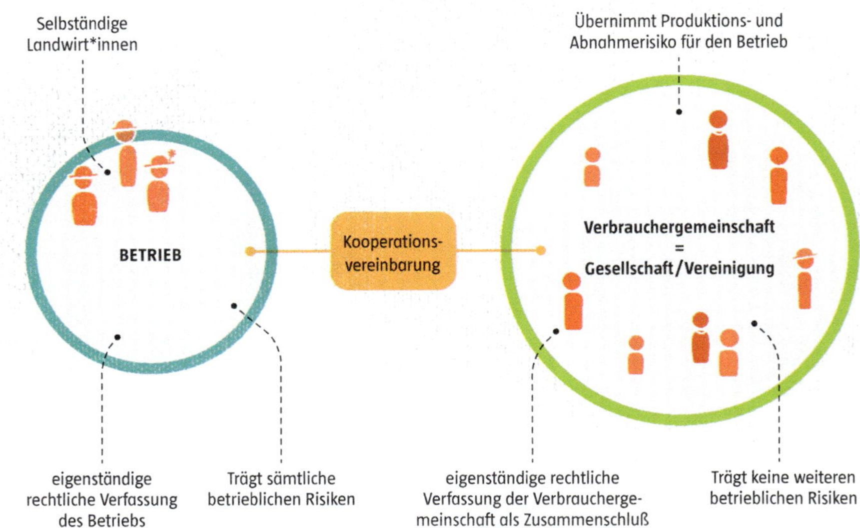

SoLawi-Typ 2: Betrieb schließt Vereinbarung mit Verbrauchergemeinschaft ab.

Typ 3 – Einheit

Typ 3 kann als **Einheitstyp** bezeichnet werden. Dabei sind die einzelnen Mitglieder der solidarischen Landwirtschaft selbst Mitglieder oder Gesellschafter des landwirtschaftlichen Betriebes. Es können zwei Varianten unterschieden werden (RÜTHER, 2015).

Im ersten Fall (3a) nimmt der landwirtschaftliche Betrieb die Mitglieder der Verbrauchergemeinschaft teilweise oder auch in der Gesamtheit als stille Gesellschafter*innen, Mitunternehmer*innen oder Genoss*innen auf oder beteiligt sie am Unternehmen. Dieses Modell kann bei Aufnahme einzelner Mitunternehmer*innen auch eine Möglichkeit zur Bereitstellung von Kapital für Investitionen sein oder für eine Landwirtschaftsgemeinschaft als gemeinschaftlich getragenes Unternehmen mehrerer Landwirt*innen. Die Landwirt*innen sind in dieser Form meist Betriebsleiter*innen und selbständige Unternehmer*innen, d. h. selbständig tätig, alle Mitunternehmer*innen tragen jedoch das unternehmerische Risiko (je nach Form der Beteiligung und der Gesellschaft mehr oder weniger) mit (RÜTHER, 2015).

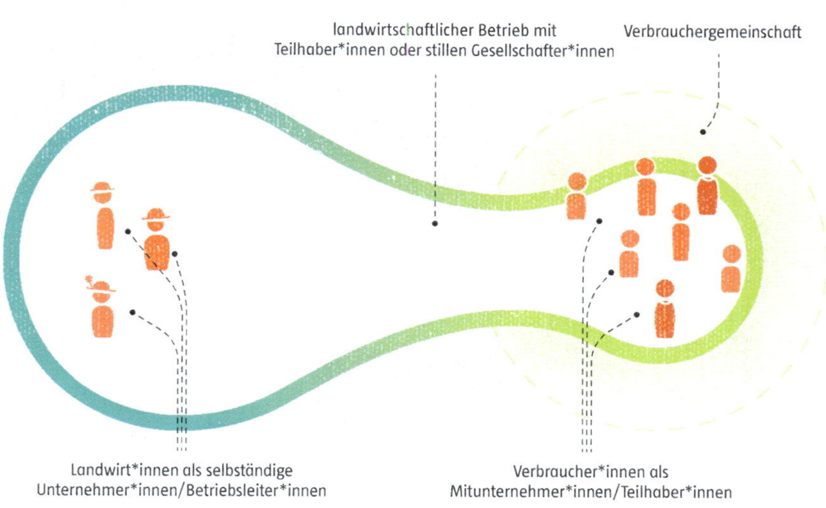

SoLawi-Typ 3A: Betrieb nimmt Mitglieder teilweise oder ganz auf.

In der zweiten Variante (3b) des Einheitstyps entsteht die Solidarische Landwirtschaft aus dem Zusammenschluss einer Verbrauchergemeinschaft zu einer Gesellschaft, die selbst Träger des landwirtschaftlichen Betriebs ist. Die Verbrauchergemeinschaft trägt dann in vollem Maße das unternehmerische Risiko und übernimmt über selbst gesetzte Entscheidungsverfahren die Leitung des Betriebs. Bei diesem Typ wird meist eine haftungsbeschränkte Rechtsform gewählt. In der Regel sind Landwirt*innen und Gärtner*innen bei dieser Form angestellt oder auf Honorarbasis in begrenztem Maß selbständig tätig. Die Verbrauchergemeinschaft wird dann zum Arbeitgeber, mit allen sich daraus ergebenden Verpflichtungen (RÜTHER, 2015).

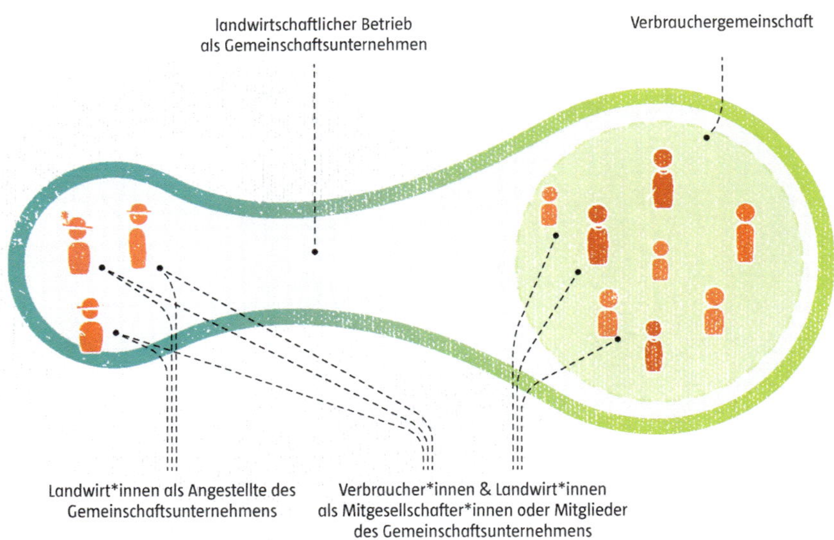

Typ 3B: Betrieb und Verbrauchergemeinschaft schließen sich zusammen.

Aspekte und Kriterien für die Rechtsformwahl

Zur Gründung einer solidarischen Landwirtschaft gehören, wie zur Planung jeder wirtschaftlichen Tätigkeit und Unternehmensgründung, die Überlegungen, welche Ziele mit welchen Mitteln in welcher Art und Weise erreicht werden sollen.

Während die Planung eines herkömmlichen landwirtschaftlichen Betriebes in der Regel auf die Maximierung des Betriebseinkommens und das optimale Betriebsprogramm ausgerichtet ist, kommen in der solidarischen Landwirtschaft weitere, auch soziale Zielgrößen ins Spiel, die für die Betriebsplanung und die Wahl einer Rechtsform und Organisationsstruktur relevant sind.

Zu einer Betriebs- oder Unternehmensgründung gehört die Ausarbeitung eines Geschäftsplanes, die Wahl der passenden Rechtsformen und bei größeren Unternehmen die Entwicklung einer Organisationsstruktur. Dies ist bei der Gründung einer solidarischen Landwirtschaft mit der Aufstellung eines Wirtschaftsplanes und des notwendigen Budgets nicht anders. Allerdings kann das wirtschaftliche Risiko (bei ausreichend Mitgliedern) reduziert werden. Dagegen ist die Anzahl der Beteiligten in der solidarischen Landwirtschaft größer.

Das macht die Einbeziehung und den Ausgleich unterschiedlicher Interessen notwendig. Dem sozialen Prozess und der dafür notwendigen Kommunikation kommt eine stärkere Bedeutung zu. Das kann mit zusätzlichem, teilweise auch hohem Aufwand verbunden sein und zusätzliche Kosten verursachen. Es sollte nicht vergessen werden, dass (menschliche, finanzielle und natürliche) Ressourcen nicht unbegrenzt zur Verfügung stehen und ein effektiver Einsatz dieser Ressourcen wichtig ist.

Die Organisationsstruktur einer solidarischen Landwirtschaft hängt also sehr von den Zielen, Motiven, Motivationen und dem Interesse der beteiligten Menschen sowie von der Ausgangssituation und den Rahmenbedingungen ab. Um eine passende Organisations- und Rechtsstruktur zu finden, sollten deshalb diese Interessen und Ziele identifiziert und strukturiert und im Anschluss einzeln betrachtet werden, um zu entscheiden, welche Ziele und Interessen in welcher Art und Weise am besten erreicht werden können.

Die Organisationsstruktur einer solidarischen Landwirtschaft hängt oft auch davon ab, ob sie aus einer Verbraucherinitiative, als Betriebsneugründung oder aus einem existierenden Betrieb entsteht. Die starke emotionale Bindung in einem lange bestehenden Familienbetrieb kann mit Ängsten und Vorbehalten verbunden sein, die mit Sensibilität zu berücksichtigen sind. Auch Eigentumsfragen sind betroffen, die den Gestaltungsspielraum begrenzen. Bei Betriebsneugründung ist der Gestaltungsraum dagegen größer, aber der Zugang zu Land und Kapital oft begrenzend. Die Solidarische Landwirtschaft wird dann stark von der Vorstellung und der Interessenlage der Initiativträger abhängen.

Eine Betriebsgründung ist meist mit dem Wunsch nach Aufbau einer wirtschaftlichen und sozialen Existenz verbunden. Die Entwicklungsmöglichkeiten der beteiligten Menschen sind dabei wichtige Größen, auch hinsichtlich der Wahl der Rechtsform. Sie sollte eine eigenständige Gestaltung der wirtschaftlichen Tätigkeit und der sozialen Beziehungen des landwirtschaftlichen Betriebs ermöglichen. Dem langfristigen Charakter von Landwirtschaft sollte Rechnung getragen werden. Zwar können Rechtsformen und die Organisationsstruktur bei Bedarf umgewandelt und angepasst werden, oft ist das aber mit zusätzlichem Aufwand und neuen Aushandlungsprozessen verbunden, wenn sich die Interessen der Beteiligten geändert haben.

Die klare Strukturierung der Funktionsbereiche kann die Verbindlichkeit und Stabilität einer solidarischen Landwirtschaft verbessern. Insbesondere bei einer Neugründung, wenn viele Personen involviert sind oder unterschiedliche Interessen vorhanden sind, können verschiedene Interessen und Ziele unterschiedlichen Funktionsbereichen zugeordnet werden. So können sich bei der Gestaltung der Organisationsstruktur durch eine Trennung von Entscheidungs- und Verantwortungsbereichen spätere Konflikte möglicherweise vermeiden oder konstruktiv lösen lassen.

Mit der Gestaltung einer solidarischen Landwirtschaft und der Frage der passenden Rechtsform ist eine große betriebliche und soziale Verantwortung verbunden und eine große Anzahl unternehmerischer und sozialer Aspekte betroffen. Im Folgenden soll deshalb dargestellt werden, welche Kriterien und Aspekte von der Wahl der Rechtsform und der Entwicklung der Organisationsstruktur in welcher Art beeinflusst werden. Das Schaubild auf Seite 32 gibt einen Überblick.

Unternehmerische Aspekte

Von der Wahl der Rechtsform und der Gestaltung der Organisationsstruktur werden die Gestaltungsfreiheit und die Entscheidungsräume der beteiligten Personen bestimmt. Eine zentrale Frage ist, wer das unternehmerische Risiko trägt und für den wirtschaftlichen Erfolg und Ausfälle des Betriebes haftet. Grundsätzlich müssen die Personen, die Entscheidungen rechtlich verantworten und für diese haften, auch die Entscheidungen fällen.

Eine weitere Frage ist, wer Eigentümer*in bzw. Gesellschafter*in des Betriebs ist, also wem der Betrieb gehört. Damit verbunden ist auch, ob die landwirtschaftliche Tätigkeit eine angestellte oder selbständige Tätigkeit ist und damit, welche wirtschaftliche Unabhängigkeit und welchen Entscheidungsraum die Landwirt*in besitzt. Mit der Rechtsform ebenfalls verbunden ist die Zuordnung der Geschäftsführung und der Außenvertretung des Unternehmens bzw. der Gesellschaft.

Unternehmerisches Risiko und Haftungsbeschränkung

Grundsätzlich sollte hinsichtlich des wirtschaftlichen Risikos und der Haftung zwischen natürlichen Personen und Personengesellschaften auf der einen Seite und Juristischen Personen auf der anderen Seite unterschieden werden.

Als natürliche Personen haften Einzelunternehmer*innen, wie z. B. selbständige Landwirt*innen mit ihrem gesamten privaten Vermögen für ihr wirtschaftliches Handeln. Auch in Personengesellschaften (z. B. als GbR) haften die beteiligten Gesellschafter*innen persönlich und mit ihrem gesamten Vermögen, ebenso wie die Komplementär*innen in der Kommanditgesellschaft (KG). Die Haftung ihrer Gesellschafter*innen bzw. Mitglieder und Geschäftsführenden ist dagegen beschränkt. Körperschaften (z. B. GmbH, eG oder Verein) haften als eigenständige juristische Rechtspersonen (meist) nur mit ihrem Gesellschaftsvermögen.

Eine Haftungsbeschränkung des Betriebs kann verhindern, dass eine Insolvenz des Betriebes mit einer darüberhinausgehenden persönlichen Verschuldung einhergeht. Eine vollhaftende unternehmerische Tätigkeit ist dagegen mit einer hohen Sicherheit für z. B. Banken oder Geschäftspartner*innen und Vertrauen verbunden. Die Möglichkeit zur Reduzierung der persönlichen Haftung besteht deshalb mit der Gründung einer haftungsbeschränkten Rechtsform, z. B. einer GmbH (oder einen anderen Kapitalgesellschaft), einer Genossenschaft oder einem Verein.

Geschäftsführung und Außenvertretung

Von der Rechtsform ist die Frage des Eigentums am Unternehmen und am Betriebsvermögen, sowie die Geschäftsführung und Außenvertretung abhängig. Natürliche Personen werden grundsätzlich durch sich selbst und Personengesellschaften durch die Gesellschafter*innen vertreten, juristische Personen durch eine Geschäftsführer*in oder einen Vorstand.

Eine selbständige Landwirt*in ist als Einzelunternehmer*in immer Eigentümer*in des eigenen Unternehmens und des Betriebsvermögens. In der Regel übernimmt sie die Geschäftsführung und Außenvertretung, sofern sie dafür nicht eine Geschäftsführer*in anstellt. Das gleiche gilt für eine Personengesellschaft (GbR) oder eine GmbH, in der die Gesellschafter*innen die Eigentümer*innen des Betriebes und des Betriebsvermögens sind und in der Regel in ihrer Gesamtheit Geschäftsführung und Außenvertretung wahrnehmen, es sei denn der Gesellschaftervertrag regelt anderes.

In der AG sind die Aktionäre Eigentümer*innen des Unternehmens und des Gesellschaftsvermögens. Die Geschäftsführung und Außenvertretung wird jedoch vom Vorstand übernommen. In der Genossenschaft sind die Mitglieder entsprechend dem ›Identitätsprinzip‹ sowohl Eigentümer*innen als auch Nutzer*innen. Die Geschäftsführung und Außenvertretung wird in der Regel durch ein Mitglied übernommen. Ein (eingetragener) Verein ist als juristische Person selbst Eigentümer des Betriebes und des Betriebsvermögens, nicht jedoch die Mitglieder.

Angestellte oder Selbständige Tätigkeit

Die Geschäftsführung ist in Kapitalgesellschaften, Genossenschaften und Vereinen meist eine angestellte Tätigkeit. Sie kann aber auch ehrenamtlich ausgeführt werden, z. B. in vielen kleineren Vereinen. Die Geschäftsführung übernimmt die Verantwortung für die wirtschaftlich korrekte Betriebsführung. Sie wird nach Prüfung durch die Gesellschafter*innen oder die Mitglieder (bei Genossenschaft und

Vereinen) entlastet. Auch Landwirt*innen können als Angestellte die Geschäftsführung übernehmen.

Ob die landwirtschaftliche Tätigkeit angestellt oder selbständig erfolgt, hängt meist sehr vom Selbstverständnis und von der Entstehung der solidarischen Landwirtschaft ab. Sie bestimmen, welche Eigenständigkeit und welchen Charakter die landwirtschaftliche Tätigkeit in der solidarischen Landwirtschaft hat. Eine selbständige und damit eher unabhängige und eigenverantwortliche Tätigkeit als Landwirt*in wirkt sich oft positiv auf die Motivation zur Betriebsführung, die langfristige Gestaltung und Entwicklung des Betriebes und die Verantwortungsübernahme aus. Eine angestellte Tätigkeit ist dagegen oft mit einem geringeren (wirtschaftlichen) Gestaltungsraum verbunden. Ob die landwirtschaftliche Tätigkeit angestellt oder selbständig erfolgt, beeinflusst zahlreiche weitere soziale Aspekte (s. u.).

Auch bei einer selbständigen Tätigkeit können weitere Personen im Betrieb als Mitarbeiter*innen angestellt werden. Eine Anstellung von Personen, z. B. für die Verwaltung der Verbrauchergemeinschaft oder Bildungsarbeit, kann auch außerhalb des landwirtschaftlichen Betriebs, in einer eigenen Organisation erfolgen.

Soziale Absicherung und berufliche Perspektive

Auch die Art und Weise der sozialen Absicherung der Landwirt*innen und Gärtner*innen hängt von der Rechtsform ab, bzw. davon, ob es sich um eine selbständige oder angestellte Tätigkeit handelt. Dies wirkt sich auch auf die berufliche Perspektive im Betrieb aus. Unter Umständen sollte der Ausstieg aus einem Betrieb geregelt und eine berufliche Zukunft ermöglicht werden.

Sozialversicherung und Altersabsicherung

Bei einer angestellten Tätigkeit ist der Arbeitgeber/Betrieb für die Sozialversicherung, d. h. Krankenversicherung, Arbeitslosenversicherung, Rentenversicherung, usw. der Arbeitnehmer*in verantwortlich. Die Kosten werden als normale Lohnkosten in das Budget aufgenommen. Bei einer selbständigen Tätigkeit muss sich die Landwirt*in privat versichern. Selbstverständlich müssen diese Kosten auch in der Kostenaufstellung und Budgeterstellung berücksichtigt werden. Das gilt umso mehr, wenn die landwirtschaftliche Tätigkeit selbständig auf Honorarbasis erfolgt.

Oft haben der Aufbau von Betriebsvermögen und die Bildung von betrieblichen Rücklagen bei einer betrieblichen Selbständigkeit die Funktion einer Altersabsicherung. Als Einzelunternehmer oder Gesellschafter einer GbR haften selbständige Landwirt*innen im Fall einer Insolvenz des Betriebs nicht nur mit dem Betriebsvermögen sondern auch mit ihrem gesamten privaten Vermögen. Die Nutzung einer haftungsbeschränkten Rechtsform (z. B. GmbH) bietet Möglichkeiten dies zu reduzieren.

Bei einer selbständigen Tätigkeit auf Honorarbasis ohne eine Beteiligung am Betriebsvermögen und ohne eigenen Vermögensaufbau muss deshalb hinsichtlich der Altersabsicherung und einer Arbeitslosenversicherung anderweitig vorgesorgt werden. Die Frage, in welcher Art die soziale Absicherung der in der Landwirtschaft Tätigen vollständig umgesetzt wird, sollte in jedem Fall in die Überlegungen zur Gestaltung der Solawi einfließen und nicht außen vor bleiben.

Berufliche Perspektive und persönliche Bindungen

Das Betriebsvermögen ist bei einer selbständigen Tätigkeit in der Regel im Eigentum der selbständigen Landwirt*in solange es sich nicht um eine selbständige Tätigkeit auf Honorarbasis handelt. Das führt zu Verpflichtungen, aber auch zu einer engen und langfristigen Bindung an den Betrieb. Es ermöglicht eine wirtschaftliche Unabhängigkeit und daraus heraus eine persönliche, berufliche und unternehmerische Entwicklung. Eine selbständige Tätigkeit ist deshalb meist mit einer langfristigen beruflichen und betrieblichen Perspektive und Sicherheit verbunden, eine angestellte Tätigkeit dagegen eher mit einer zeitlich begrenzten Beschäftigung im Betrieb und Unsicherheit bzw. persönlichem Risiko.

Die ungleiche Verhandlungsposition einer einzelnen Landwirt*in gegenüber einer (Verbraucher-) Gemeinschaft sollte ebenfalls beachtet werden. Der Eigenständigkeit und Absicherung von persönlichen Interessen der Landwirt*innen kann deshalb eine wichtige Rolle zukommen. Dies kann z. B. durch eine selbständige Tätigkeit oder eine Abgrenzung eines eigenständigen landwirtschaftlichen Betriebs von der Verbrauchergemeinschaft erfolgen. Den persönlichen Bindungen muss ganz besonders bei einer Hofübergabe, z. B. im Zusammenhang mit einem Generationswechsel oder einer außerfamiliären Hofübergabe Rechnung getragen werden und diese müssen respektiert werden. Eine intensive externe Begleitung dafür ist in jedem Fall erforderlich.

Absicherung beim Verlassen des Projekts, Arbeitslosigkeit oder Arbeitsunfähigkeit

Das Scheitern eines Gemeinschaftsprojekts, wie beispielsweise einer Hof- oder Betriebsgemeinschaft ist für beteiligte Personen immer auch ein persönlicher Verlust und oft mit Konflikten verbunden. Daher ist es sinnvoll, bereits von Anfang an Regelungen für einen Ausstieg aus einem Betrieb oder einer Gemeinschaft zu gestalten.

Insbesondere bei der Auflösung einer Betriebsgemeinschaft in Form einer GbR muss eine Vermögenstrennung vollzogen werden. Meist wird eine Abfindung gezahlt, die sowohl den sozialen als auch den ökonomischen Ansprüchen auf beiden Seiten gerecht werden sollte. Oft wird der Konfliktfall vorher geregelt, um eine sehr kostspielige und aufwendige Auseinandersetzung zu vermeiden. Aber auch im Fall einer angestellten Tätigkeit oder einer selbständigen Tätigkeit ohne privaten Vermögensaufbau, z. B. im Rahmen eines Gemeinschaftsprojekts, ist es sinnvoll, eine Regelung für den Ausstieg aus einem Betrieb zu gestalten, um die Mitwirkung am Betriebs- und Vermögensaufbau zu honorieren und den Ausstieg zu entschädigen und sozial abzufedern.

Bei einem Ausstieg aus einem Betrieb sollte bedacht werden, dass eine ausscheidende vorher selbständig tätige Person nicht gegen Arbeitslosigkeit versichert ist. Solange kein Vermögensausgleich stattfindet, sollte deshalb aus sozialer Verantwortung darauf geachtet werden, einer ausscheidenden Person eine berufliche Perspektive und einen Übergang zu ermöglichen. Möglicherweise sollte auch eine Absicherung gegenüber Arbeitsunfähigkeit in Betracht gezogen werden, insbesondere, wenn bei einer angestellten Tätigkeit oder einer selbständigen Tätigkeit auf Honorarbasis kein Vermögen am Betrieb aufgebaut wird.

Vermögensaufbau und finanzielle Beteiligung

Von der Eigentumsstruktur und der Rechtsform sind Fragen des Vermögensaufbaus, sowie die Regelung von Investitionen und finanzieller Beteiligung betroffen. Die Abgrenzung von Funktionsbereichen und die Zuordnung von Vermögen zu Betrieb, Verbrauchergemeinschaft oder Träger können dabei helfen, die passende Organisationsstruktur der gesamten solidarischen Landwirtschaft zu finden.

Eigentum am Betrieb, Hof und Land

Entsteht die Solidarische Landwirtschaft aus einem existierenden Betrieb, ist die Zuordnung von Eigentum und Vermögen meist geklärt. Oft ist der Betrieb im Eigentum eines selbständigen Landwirtes oder aber einer Betriebsgemeinschaft aus mehreren Personen.

Werden ein Betrieb und eine Solidarische Landwirtschaft komplett neu gegründet, müssen meist Hof und Land erworben werden. Dann muss geklärt werden, ob die einzelne Landwirt*in Eigentümer*in von Betrieb, Hof und Land ist, ob gemeinsamem Eigentum gebildet werden soll, und wenn ja ob als landwirtschaftliche Betriebsgemeinschaft oder als verbrauchergetragenes Unternehmen, oder ob ggf. eine unabhängige zweckgebundene Eigentumsträgerschaft angestrebt wird.

Eine gemeinsame Eigentümerschaft ist als Landwirte-Betriebsgemeinschaft oder als verbrauchergetragene Gesellschaft, als GbR, GmbH, Genossenschaft oder andere Kapitalgesellschaft, möglich. Für eine unabhängige Trägerschaft eignen sich die Rechtsformen der Stiftung, des Vereins, ggf. auch einer GmbH.

Bei einer unabhängigen Trägerschaft muss geklärt werden, welches Vermögen dem landwirtschaftlichen Betrieb zugewiesen wird und welches dem Träger. Möglich wäre, dass Land und Hof im Eigentum des Trägers liegen und sich das Betriebsvermögen auf Tiere und Maschinen beschränken. In manchen Fällen werden auch Maschinen und sogar Tiere dem Träger zugeordnet. Eine Zuordnung von Eigentum und Vermögen kann auch bei der Kooperation zwischen einer eigenständigen als Betrieb organisierten Verbrauchergemeinschaft mit einem selbständig tätigen Landwirt notwendig sein.

Es ist sehr zu empfehlen, Erfahrungen aus unterschiedlichen Betrieben einzuholen. Gerade bei der Frage der Eigentumsstrukturen gibt es kein Patentrezept, sondern die Lösungen sind von den Bedingungen, den Möglichkeiten und den Interessen der Beteiligten abhängig.

Investitionen und finanzielle Beteiligung

Zur Finanzierung des Erwerbs eines Hofes oder von Land oder für andere Investitionen kann die finanzielle Beteiligung von Mitgliedern der Verbrauchergemeinschaft sinnvoll sein. Dabei kommen grundsätzlich zwei verschiedene Varianten in Frage. Entweder werden die Mitglieder als Gesellschafter oder Mitglieder in den Betrieb oder den Träger eingebunden und damit Miteigentümer*innen. Oder sie stellen dem Betrieb oder Träger über Darlehen Geld zur Verfügung

Eine tatsächliche Beteiligung am landwirtschaftlichen Betrieb einer selbständigen Landwirt*in oder einer Betriebsgemeinschaft betrifft meist nicht die Gesamtheit der Mitglieder einer Solawi. Es kann aber bei einem verbrauchergetragenen Unternehmen, einer Genossenschaft oder einer vollumfänglichen Landwirtschaftsgemeinschaft der Fall sein.

Eine Beteiligung am landwirtschaftlichen Betrieb einer Landwirt*in oder einer Betriebsgemeinschaft ist als Gesellschafter*in möglich. Im Fall einer GbR haftet jede Gesellschafter*in persönlich gesamtschuldnerisch. Als stille Gesellschafter*in haftet sie dagegen nicht gegenüber Dritten. Möglich ist auch die Beteiligung an einer GmbH, oder als Kommanditist an einer KG oder einer GmbH & Co. KG, in der die Einlagengeber haftungsbeschränkt sind. Das eingebrachte Vermögen geht in allen Fällen als Eigenkapital in den Betrieb ein. Weitere Möglichkeiten zur Kapitaleinlage in einen Betrieb sind z. B. in einer Aktiengesellschaft, oder in einer Kommanditgesellschaft auf Aktien (KGaA) gegeben. In einem verbrauchergetragenen Unternehmen oder einer Genossenschaft sind die einzelnen Mitglieder in ihrer Gesamtheit entweder als Gesellschafter*innen mit ihrem Gesellschaftsanteil oder als Mitglieder mit ihrer Genossenschaftseinlage am Betrieb beteiligt.

Neben der Bereitstellung von Geldmitteln über eine Beteiligung am Betriebsvermögen bestehen weitreichende Möglichkeiten zur Finanzierung von Investitionen über Darlehen. In diesem Fall geht das bereitgestellte Kapital nicht mit einer Beteiligung am Betrieb einher und wird in der Regel als Fremdkapital verbucht. Eine einfache Form sind z. B. Nachrangdarlehen über Kreditverträge, bei Vereinen auch Mitgliedseinlagen genannt. Nachrangdarlehen werden im Falle der Insolvenz an nachrangiger Stelle behandelt. Sie gelten unter bestimmten Bedingungen für die Bankenfinanzierung, genauso wie Genossenschaftseinlagen, als Eigenkapital. Die Rückzahlung und Vergütung der Kapitalbereitstellung muss zwischen Betrieb und Bereitsteller des Darlehens vereinbart werden.

Überweisung der Mitgliedsbeiträge

Die Verbrauchergemeinschaft trägt die Kosten der landwirtschaftlichen Produktion. Dabei entsteht ein Zahlungsfluss vom Mitglied an den landwirtschaftlichen Betrieb. Die Verfahren der Beitragsbestimmung können unterschiedlich sein (feste Beitragssätze, Richtsätze und Selbsteinschätzung oder Bieterrunden).

In Abhängigkeit von der Vertragsgestaltung können unterschiedliche rechtliche Beziehungen zwischen den einzelnen Mitgliedern der Verbrauchergemeinschaft untereinander und dem Betrieb entstehen. Bei der Vertragsgestaltung sollte deshalb darauf geachtet werden, dass nicht durch die Formulierung von gemeinsamen Pflichten und Vertretungsregeln der Verbraucher*innen implizit und ungewollt ein rechtlicher Zusammenschluss auf Seite der Verbraucher*innen entsteht (s. o., vergl. RÜTHER, 2015)

Die einfachste Lösung ist deshalb ein einfacher zweiseitiger Vertrag zwischen Betrieb und Einzelmitglied, z. B. in Form einer schriftlichen Vereinbarung für eine Jahres »Mitgliedschaft« zwischen dem einzelnen Mitglied und dem Betriebsträger. Jedes Mitglied zahlt seinen Beitrag einzeln und direkt an den Betrieb, meist mittels einer Einzugsermächtigung oder durch Überweisung der vereinbarten Summe. Bei der Vertragsgestaltung müssen gegenseitige Verpflichtungen dargestellt werden. Der Vertrag muss sich auf den bloßen Ratenkauf eines Ernteanteils beziehen und von einer Innen- oder stillen Gesellschaft abgegrenzt werden (RÜTHER, 2015). Es darf keine eigene Rechtsform auf der Seite der Verbrauchergemeinschaft entstehen.

Im Gegensatz dazu kann sich die Verbrauchergemeinschaft durch Zusammenschluss (Gesellschaft, Verein) gegenüber dem Betrieb auch als eigener rechtlicher Zusammenschluss konstituieren. Sie überweist dann Mitgliedsbeiträge gesammelt oder in Raten. Oft wird die Rechtsform eines eingetragenen Vereins gewählt, um ein Konto einzurichten. Es reicht jedoch auch die Form eines nicht eingetragenen Vereins (n. e. V.). Mögliche Unterschiede in der Haftungsregelung sind dabei zu beachten. Möglich ist auch, dass eine Vertrauensperson der Verbrauchergemeinschaft treuhänderisch die Mitgliedsbeiträge erfasst und an den Betrieb weiterleitet. Dabei ist jedoch die Abgrenzung der Beiträge vom Privatvermögen der Vertrauensperson kritisch und möglicherweise nachzuweisen, so z. B. im Todesfall oder bei Bezug von Sozialleistungen durch die Vertrauensperson.

Entscheidungsbereiche, Tätigkeiten, Kontrolle und Kosten

Obwohl eine gemeinsame Entscheidung und Gestaltung in der solidarischen Landwirtschaft eine große Bedeutung hat, ist es in vielen Fällen sinnvoll, Entscheidungsbereiche voneinander abzugrenzen und ihnen bestimmte Zuständigkeiten und Verantwortung zuzuordnen. In manchen Fällen ist auch eine formale oder institutionalisierte Kontrolle gewünscht, die mit bestimmten Rechtsformen verbunden ist. Mit der Rechtsform sind unterschiedliche Buchführungs-, Bilanzierungs- und Prüfpflichten und zusätzlicher Aufwand und Kosten verbunden. Von der Wahl der Rechtsform sind auch steuerliche Aspekte betroffen.

Entscheidungsbereiche und Zuordnung von Verantwortung

Diese Zuordnung bzw. Abgrenzung, kann sich an den beschriebenen Funktionsbereichen Betrieb, Verbrauchergemeinschaft und ggf. Trägerschaft orientieren. Sie kann sich in der rechtlichen Struktur widerspiegeln, muss dies aber nicht zwangsläufig tun. Eine Abgrenzung von Entscheidungsbereichen und Zuordnung von Zuständigkeiten ist auch bei der Arbeitsplatzbeschreibung von Bedeutung, die mit der Anstellung von Mitarbeitern verbunden ist, oder um Zuständigkeiten und Verantwortlichkeiten in einer Betriebs- oder Wirtschaftsgemeinschaft zu klären.

Die Zuordnung von Handlungs-, Gestaltungs- und Entscheidungsraum sollte darauf ausgerichtet sein, eigenverantwortliche Sachentscheidungen von Mitarbeiter*innen zu unterstützen und zu ermöglichen. Das gilt insbesondere bei einer angestellten Tätigkeit von Landwirt*innen oder Gärtner*innen oder bei einer Beschäftigung auf Honorarbasis im Rahmen einer verbrauchergetragenen Solawi. Es gilt den Entscheidungsraum der Landwirt*innen nicht zu sehr einzuschränken und Entscheidungen über landwirtschaftlichen Belange und Fragen der Betriebsentwicklung zu akzeptieren und wertzuschätzen. Es muss geklärt werden, wer die Geschäftsführung übernimmt und wie über Grundsatzfragen und über die langfristige Betriebsentwicklung entschieden wird.

Institutionalisierte Kontrolle durch Mitglieder oder Gesellschafter

In manchen Rechtsformen sind Gremien mit Kontrollfunktion wie Aufsichtsräte und/oder Vorstände vorgesehen oder können eingerichtet werden. Körperschaften wie Genossenschaften oder Aktiengesellschaften aber auch Vereine bieten z. B. aufgrund ihrer gesetzlich geforderten Organe und formalen Strukturen eine gute Möglichkeit für eine institutionalisierte Kontrolle. Das kann von Vorteil sein, wenn die Mitgliedern oder Gesellschafter über grundsätzliche Entscheidungen entscheiden sollen.

Organe des (nicht rechtsfähigen) Vereins sind mindestens die Mitgliederversammlung, des eingetragenen Vereins die Mitgliederversammlung und der Vorstand. Weitere Organe können per Satzung bestimmt werden. Bei einer Genossenschaft sind Mitglieder- bzw. Generalversammlung, Vorstand und Aufsichtsrat vorgeschrieben. Dabei wählt die Mitgliederversammlung den Vorstand und den

Aufsichtsrat, der Vorstand übernimmt eigenverantwortlich die Geschäftsführung und wird dabei vom Aufsichtsrat überwacht. Dazu kommt bei einer Genossenschaft die Pflichtmitgliedschaft in einem Prüfverband. Bei einer Aktiengesellschaft bestellt die Hauptversammlung der Aktionäre den Vorstand und Aufsichtsrat, der wiederum die Geschäftsführung einsetzt.

Buchführungs- und Prüfpflichten sowie damit verbundene Kosten

Mit der Rechtsform können Pflichten zur Rechnungslegung, zu einer Pflichtmitgliedschaft in einen genossenschaftlichen Prüfverband oder weitere Dokumentationspflichten verbunden sein. Rechnungslegung bedeutet die Information über Lage und Entwicklung eines Unternehmens und die Rechenschaft über die Verwendung finanzieller Mittel. Sie dient zur Dokumentation, als Informationsquelle und als Entscheidungshilfe in der Organisationssteuerung.

Rechnungslegung sollte nicht mit der Budgetaufstellung verwechselt werden. Buchführungsergebnisse können jedoch als Basis für die Budgeterstellung genutzt werden. Bei größeren Unternehmen und vielen größeren Vereinen und Stiftungen ist die doppelte Buchführung das dominierende Verfahren. In der doppelten Buchführung wird die Gewinn- und Verlustrechnung erstellt sowie die Bilanz gebildet. Kleine Unternehmen und Vereine verwenden in der Regel für ihre Rechnungslegung die Einnahme-Überschussrechnung.

Eine Genossenschaft ist zur Bilanzbuchführung und zur Mitgliedschaft in einem Prüfverband verpflichtet. Das ist mit zusätzlichem Aufwand und Kosten verbunden, ermöglicht aber auch eine formalisierte Kontrolle und kann die Transparenz gegenüber Mitgliedern verbessern. Die Mitgliedschaft in einem Prüfverband ist außerdem mit weiteren Beratungsleistungen verbunden. Freiberufler sind dagegen von der Bilanzierungspflicht ausgenommen und müssen dem Finanzamt lediglich eine Einnahme-Überschussrechnung vorlegen.

Einzelunternehmer, voll haftende Kaufleute und Kleingewerbetreibende müssen erst ab einem jährlichen Umsatz von mehr als 600.000 € oder einem Jahresgewinn von mehr als 60.000 € eine Bilanz nach steuerlichen Anforderungen erstellen. Unterhalb dieser Schwelle muss dem Finanzamt lediglich eine Einnahme-Überschussrechnung vorgelegt werden. Personenhandelsgesellschaften (oHG und KG) sind steuerlich bilanzierungspflichtig aber nicht veröffentlichungspflichtig. Beschränkt haftende Gesellschaftsformen (GmbH, GmbH & Co. KG u. a.) unterliegen dagegen einer wesentlich strengeren Bilanzierungs- und Veröffentlichungspflicht und ggf. der Prüfung durch einen Wirtschaftsprüfer.

Steuerliche Aspekte

Steuerliche Aspekte sind in der Regel nebensächlich für die Wahl der Rechtsform. Jedoch existieren einige Möglichkeiten der steuerlichen Optimierung, z. B. bei der Entscheidung zwischen Pauschalierung der Umsatzsteuer oder der Option zur Regelbesteuerung. Diese werden im Abschnitt Steuerrecht erklärt.

Schritte bei der Wahl der passenden Rechtsformen

Der Prozess der Suche nach der passenden Rechtsform und der Gestaltung der Organisationsstruktur einer solidarischen Landwirtschaft könnte in den folgenden sieben Schritten umgesetzt werden. Diese Schritte sind als Anregung zu verstehen, die nicht im Einzelnen umgesetzt werden müssen, aber helfen können den Prozess der Gestaltung zu strukturieren. Letztendlich muss jedoch jede Gruppe den eigenen Weg gehen, um zum Ziel zu gelangen.

In sieben Schritten zur Solidarischen Landwirtschaft

Es gibt keine Organisationsstruktur, die allen Ansprüchen, Wünschen und Bedürfnissen gerecht wird. Umso wichtiger ist in diesem gemeinsamen Prozess der Aufbau von Vertrauen als Basis für die gemeinsame Arbeitsfähigkeit. Nichtsdestotrotz ist die rechtliche Organisation das Grundgerüst für die zukünftige gemeinsame Arbeit und begründet das rechtliche Verhältnis zwischen den beteiligten Personen.

Kompromissbereitschaft, Pragmatismus und die Bereitschaft Entscheidungen zu treffen, sind wichtige Voraussetzungen, denn jede Entscheidung und Festlegung strukturiert die zukünftige Arbeit. Das vereinfacht sie und macht Entscheidungsmechanismen transparent und im Zweifelsfall veränderbar.

1. Informationen sammeln und zugänglich machen

Rechtliche Fragen sind oft mit einer Angst besetzt etwas falsch zu machen oder mit dem Gefühl, dass sie höchst kompliziert sind. Gegen die Angst, etwas falsch zu machen, hilft nur die aktive Auseinandersetzung mit dem Thema. Eine passende Rechtsform zu finden, ist, wenn die Bedürfnisse der Beteiligten klar sind – was ja kein juristisches Fachwissen erfordert – meist recht einfach. Die Vorteile und Nachteile einzelner Rechtsformen und die Grundzüge damit verbundener rechtlicher Fragen sind in der Regel wesentlich einfacher zu verstehen als gedacht und mit relativ geringem Aufwand auch für Nicht-Fachmenschen gut nachzuvollziehen.

»Der Besuch von anderen Betrieben und Initiativen ist unbedingt zu empfehlen und meist ein sehr inspirierendes Ereignis.«

Im ersten Schritt ist es hilfreich, wenn die Kerngruppe einer sich gründenden Solidarischen Landwirtschaft sich mit dem Thema befasst, Informationen beschafft, zusammenfasst, aufbereitet und den übrigen Mitgliedern zur Verfügung stellt. Manchmal gibt es Mitglieder mit den entsprechenden Erfahrungen oder beruflichem Hintergrund. Ist dies nicht der Fall, ist es ratsam, dass sich einige Personen aus der Gruppe in das Thema einarbeiten und entsprechende fachliche Unterstützung suchen.

Informationen können z. B. auf Versammlungen, per Mail, über eine Link- und Literaturliste, als elektronische Datensammlungen oder Zusammenfassungen oder eine gemeinsame Online-Arbeitsplattform der gesamten Gruppe zugänglich gemacht werden. Das fördert die Einbindung und Transparenz innerhalb der Gruppe und den Aufbau von Horizontalität und Vertrauen, selbst wenn nicht alle Menschen das Bedürfnis oder die zeitlichen Kapazitäten haben, sich intensiv selbst zu informieren. Dem Aufbau eines guten Gruppenzusammenhalts kommt zu diesem Zeitpunkt eine wesentliche Bedeutung zu, um Lösungen zu finden, die von allen unterstützt werden.

Der erste Einstieg ins Thema sollte mit einer Internet- und Literaturrecherche beginnen. Die beste Beratung ist jedoch immer der Austausch mit anderen Betrieben. Der Besuch von anderen Betrieben und Initiativen ist deshalb unbedingt zu empfehlen und meist ein sehr inspirierendes Ereignis. Durch deren praktische Erfahrungen kann die Furcht vor rechtlichen Fragen abgebaut werden und Mut und Vertrauen in die eigenen Fähigkeiten geschaffen werden. Einige Fragen können beantwortet werden, neue werden auftauchen. Lösungen und wertvolle Kontakte werden sich ergeben. Dadurch reift die Zuversicht in die eigenen Fähigkeiten.

Bei konkreten Fragen sollte auf eine professionelle Beratung zurückgegriffen werden. Dies ist bei rechtlichen und steuerlichen Fragen meist irgendwann der Fall. Die Suche nach auch im Solawi-Kontext erfahrenen Rechtsanwält*innen und/oder Steuerberater*innen, die auch kurzfristig für Fragen bereitstehen, ist sehr zu empfehlen, um spezielle Probleme und Detailfragen zu klären. Auch bei landwirtschaftlichen oder betriebswirtschaftlichen Fachfragen ist eine professionelle Beratung von Vorteil. Es können darüber hinaus Referenten oder Berater des Netzwerkes eingeladen werden. Bei manchen Problemen oder an wichtigen Entscheidungspunkten kann eine Unterstützung und in längeren Entscheidungs- und Entwicklungsprozessen auch eine Betriebsbegleitung sinnvoll sein, z. B. bei langwierigen Gruppenprozessen oder der Konfliktbearbeitung. Eine pauschale Auslagerung des Aufbaus der Solidarischen Landwirtschaft als Dienstleistung, z. B. der Mitgliederwerbung, ist jedoch nicht zu empfehlen, da der Kommunikation und dem direkten Kontakt eine wichtige Bedeutung zukommt. Dagegen kann es sehr hilfreich sein, wenn ein anderer Betrieb sich für eine langfristige Begleitung oder zu einer Patenschaft bereit erklärt.

Beratung und Hilfe bei der Suche nach Betrieben für den Erfahrungsaustausch gibt das Netzwerk Solidarische Landwirtschaft. Möglichkeiten zum persönlichen Austausch bieten auch die Netzwerktreffen der solidarischen Landwirtschaft, die im Frühling und Herbst stattfinden sowie Regionalgruppentreffen.

2. Ausgangssituation erfassen und beschreiben

Die Ausgangssituation bei der Gestaltung einer solidarischen Landwirtschaft kann sehr unterschiedlich sein. Die Interessen der Beteiligten und Ausgangsbedingungen sind davon abhängig, ob z. B. ein existierender landwirtschaftlicher Familienbetrieb auf Solidarische Landwirtschaft umstellt, für einen Hof in zweckgebundener, unabhängiger Trägerschaft ein neuer Bewirtschafter gesucht wird oder ein Hof in Privateigentum in eine gemeinschaftliche Trägerschaft überführt werden soll.

In diesem Fall können bestehende Strukturen oder bestimmte Bedingungen den Handlungsspielraum begrenzen. In anderen Fällen, z. B. bei einer vollständigen Neugründung eines landwirtschaftlichen Betriebs, die womöglich noch mit einem Hofkauf verbunden ist, oder bei der Gründung eines selbstverwalteten, kollektiven solidarischen Unternehmens aus einer Verbraucherinitiative heraus, ist die Ausgangslage anders, der Gestaltungsspielraum größer und Strukturen müssen grundsätzlich neu entworfen und gestaltet werden. Die Entscheidungen sind dadurch komplexer und es existieren sehr unterschiedliche Möglichkeiten der Entwicklung. Aber auch hier gibt es Begrenzungen, z. B. die Verfügbarkeit von Kapital oder Land.

Es kann grundsätzlich zwischen zwei unterschiedlichen Ausgangssituationen unterschieden werden, nämlich der Entwicklung einer solidarischen Landwirtschaft aus einem landwirtschaftlichen Betrieb heraus oder der Neugründung aus einer (Verbraucher-) Gründungsinitiative heraus.

Im ersten Fall werden die rechtliche Struktur und die Eigentumsverhältnisse im Wesentlichen meist feststehen. Solche gegebenen Strukturen sind dann nur im begrenzten Maße gestaltbar und damit verbundene Interessen müssen respektiert und berücksichtigt werden. In der Regel wird dann die Gestaltung des rechtlichen Verhältnisses zur Verbrauchergemeinschaft vom landwirtschaftlichen Betrieb ausgehen. Im zweiten Fall, wenn die Solidarische Landwirtschaft aus einer Verbraucherinitiative entsteht und/oder mit einer Betriebsneugründung verbunden ist, werden wahrscheinlich die Verbrauchergemeinschaft bzw. die Beteiligten über die Gestaltung der grundsätzlichen Strukturen, wie das Innenverhältnis der Verbrauchergemeinschaft, die Form der Kooperation mit einem Betrieb oder über den Charakter des verbrauchergetragenen Betriebes entscheiden.

Im zweiten Schritt der Gestaltung der Organisationsstruktur und der Suche nach der passenden Rechtsform sollten deshalb die Ausgangssituation und die grundsätzlichen Motivationen der Akteure erfasst, beschrieben und ggf. visuell dargestellt werden, um sich den Handlungsraum und die Begrenzungen bewusst zu machen. Im weiteren Prozess können dann Interessen konkretisiert und herausgearbeitet werden und an diesen entlang die Organisation gestaltet werden, z. B. in dem nach und nach verschiedene Rechtsformen und Organisationstypen ausgeschlossen werden.

Folgende Leitfragen können bei der Gestaltung der Organisationsstruktur helfen:

- *Gibt es bereits einen Betrieb, der Solidarische Landwirtschaft entwickeln möchte oder mit dem kooperiert werden soll? Wie stellt sich für uns die Ausgangslage dar?*
- *Wer sind wir bzw. wer ist die Initiativgruppe, Welche grundsätzlichen Ziele und Interessen hat sie, was möchte sie erreichen?*
- *Wo liegen unsere Stärken und unsere Schwächen, welche Hindernisse, Schwierigkeiten existieren und welche Aufgaben liegen vor uns?*
- *Welchen Charakter soll die Solidarische Landwirtschaft haben?*

Dabei kann in der Diskussion auf die im vergangenen Kapitel dargestellte schematische Unterscheidung von Funktionsbereichen und Typen einer solidarischen Landwirtschaft zurückgegriffen werden.

Dieser Prozess kann gegebenenfalls durch eine außenstehende Person moderiert werden, z. B. in Form eines Workshops oder auf der Basis von Interviews, ggf. zusammen mit einer beratenden Person des Netzwerkes, um einen neutralen Blick von außen zu gewährleisten.

Die Ergebnisse sollten dokumentiert und verschriftlicht bzw. visualisiert werden und können dann z. B. in einer **ersten Projektvorstellung** zusammengefasst und formuliert werden, wenn dies noch nicht geschehen ist. Diese dient eher der Darstellung nach außen. Ein weiteres Ergebnis kann ein **Arbeitsplan** sein, in dem die grundsätzlichen Vorstellungen und Ziele sowie Schritte für die Umsetzung festgehalten werden. Dieser dient eher der Arbeit nach Innen. Beide können im weiteren Verlauf immer wieder überarbeitet und konkretisiert werden.

3. Individuelle Wünsche und Bedürfnisse äußern

Im folgenden Schritt sollten erst die individuellen Interessen, Wünsche und Vorstellungen der beteiligten Personen identifiziert und formuliert werden. Darauf aufbauend können die gemeinsamen Interessen und Ziele der Gruppe herausgearbeitet und konkretisiert werden. Die gemeinsame Auseinandersetzung sollte einerseits dazu dienen, sich als Individuen mit persönlichen Interessen und gleichzeitig als soziale Gruppe mit gemeinsamen Interessen kennen zu lernen. Dabei kommt es darauf an, sich über verbindende Werte und Grundvorstellungen auszutauschen und die gemeinsame Basis zu stärken und sich dann Schritt für Schritt auf gemeinsame Ziele und die Möglichkeiten zu ihrer Umsetzung zu verständigen.

Dafür kann dieser Schritt einfach in zwei Teile gegliedert werden, erstens die ganz individuelle Formulierung von persönlichen Interessen und Bedürfnissen und zweitens die Diskussion über die gemeinsamem Vorstellungen, Werte und Ziele in der Gruppe. Dies kann entlang von Leitfragen gestaltet werden, die z. B. in Form eines Fragebogens oder eines Aufsatzes beantwortet werden und dann in einem gemeinsamen Workshop vorgestellt oder visualisiert werden und so als Vorbereitung für eine gemeinsame Diskussion dienen. Möglich ist auch eine Bearbeitung und Beantwortung im Dialog in Zweier- oder Kleingruppen und eine anschließende gegenseitige Präsentation vor der Gruppe mit einer persönlichen Ergänzung.

Mögliche Leitfragen sind folgende:

- *Welche (politischen, charakterlichen, ethischen oder moralischen) Werte sind mir besonders wichtig? Was denke ich, sind unsere gemeinsamen Werte?*

- *Welche Wünsche habe ich an die Gruppe (oder an Einzelne oder Teile der Gruppe) oder welchen Wunsch möchte ich mir mit dem Projekt erfüllen?*

- *Welche grundsätzlichen Vorstellungen habe ich von dem Projekt? Wie soll meiner Meinung nach die Solidarische Landwirtschaft aussehen?*

- *Welche Motivation treibt mich an? Was sind Gründe für mein Engagement? Was brauche ich um mich weiter zu motivieren und im Projekt engagieren zu können?*

- *Welches Ziel habe ich? Welches Ziel möchte ich mir persönlich setzen? Welches Ziel sollten wir uns, meiner persönlichen Meinung nach, als Gruppe setzen?*

- *Welche Utopien und (gesellschaftliche) Visionen habe, bzw. verbinde ich mit der Umsetzung des Projektes?*

- *Welche Bedürfnisse möchte ich mit dem Projekt erfüllen und welche Interessen möchte ich darin umsetzen?*

Die Ergebnisse sollten in dokumentiert und in der Gruppe vorgestellt werden. Im Anschluss an die Formulierung dieser individuellen Vorstellungen geht es darum Schritt für Schritt die gemeinsamen Vorstellungen zu diskutieren und heraus zu arbeiten. Eine Diskussion könnte zum Beispiel entlang folgender Fragen und Begriffe gestaltet werden.

»Welche der Begriffe haben für Euch eine besondere Bedeutung in der solidarischen Landwirtschaft?«

oder: *»Was bedeutet ›... ‹ für euch?«*

- »Vertrauen«
- »Verantwortung«
- »Verlässlichkeit«
- »Respekt«
- »Wertschätzung«
- »Solidarität«
- ...
- »Risiko«
- »Absicherung«
- »Realismus«
- »Pragmatismus«
- »Handlungsfähigkeit«
- »Entscheidungsbereiche«

Für die Diskussion können auch andere Methoden genutzt werden, wie z. B. die Zukunftswerkstatt, die dialogische Kommunikation oder die (Klein-) Gruppenarbeit. Es sollte jedoch darauf geachtet werden, nach der Arbeit in Kleingruppen immer eine Diskussion in der gesamten Gruppe zu führen um die Einzelstränge der Diskussionen zusammen zu führen. Die gemeinsame Diskussion kann z. B. mit den folgenden Fragen abgeschlossen werden:

- *Was verbindet uns, was ist das Gemeinsame?*
- *Was finden wir als Gruppe besonders wertvoll?*

Auch diese Ergebnisse sollten wie die Ergebnisse aller vorhergehenden Schritte visualisiert und dokumentiert werden.

Der Charakter dieses Schrittes

Zu den Prinzipien mit denen diese Auseinandersetzung geführt wird, gehören Achtsamkeit, Offenheit und die Möglichkeit, dass sich jede Person unabhängig von ihrem Wissensstand äußern kann. Dieser Austausch dient zu diesem Zeitpunkt weniger einer konkreten Festlegung, sondern viel mehr dazu, sich über die Motivation zur Bildung einer solidarischen Landwirtschaft und dahinterliegenden Werte auszutauschen.

Ein solcher Prozess sollte gruppenbildend gestaltet werden und die gemeinsame Wertebasis festigen, auf der eine nachfolgende Zusammenarbeit möglich ist. Er sollte der Wahrnehmung und Akzeptanz der eigenen Bedürfnisse, Interessen und Vorstellungen, und der anderer, dienen. Damit ordnet er den Rahmen, in dem die Gemeinschaft später zusammen wirkt und bildet so die Grundlage des Miteinanders und eine Basis für Stabilität und damit das Fundament für selbstgesetzte Regeln und Entscheidungen im weiteren Prozess. Es ist deshalb wichtig, dass dieser Schritt einen klar definierten und begrenzten Rahmen bekommt und vom nächsten Schritt der Konkretisierung und Festlegung gemeinsamer Interessen und Ziele abgegrenzt wird.

Unter Umständen kann dieser Schritt auch schon vorher, an anderer Stelle im Gruppenbildungsprozess und unabhängig von der Gestaltung der Rechtsform stattfinden, z. B. am Beginn eines Gründungsprozesses. Die Auseinandersetzung mit Wünschen und Bedürfnissen kann dann einfach dem Kennenlernen und der Gemeinschaftsbildung dienen. Gegebenenfalls werden dabei bereits Gemeinsamkeiten entdeckt, die dann später in die Gestaltung der Organisationsstruktur mit einfließen können.

4. Gemeinsame Interessen und Ziele benennen und formulieren

Dieser Schritt baut auf dem vorherigen auf bzw. setzt ihn fort. Während bis jetzt der Fokus auf der Formulierung der individuellen Interessen und Ziele lag und die Wahrnehmung der individuellen Bedürfnisse der jeweils anderen im Vordergrund stand, geht es im folgenden Schritt um die Formulierung und Konkretisierung gemeinsamer Werte, Vorstellungen und Ziele. Am Ende dieses Prozesses sollte es zu einer gemeinsamen Formulierung und Niederschrift kommen, z. B. in Form eines Leitbildes. Dabei können folgende Fragen zur Orientierung an die Gruppe gestellt werden:

- *Was wollen WIR erreichen?*
- *Was treibt UNS an?*
- *Was sind UNSERE gemeinsamen Ziele?*
- *Was sind UNSERE gemeinsamen Werte?*

Es geht darum, in diesem Schritt die gemeinsamen Interessen, Vorstellungen und Ziele der Gruppe weiter zu konkretisieren und fest zu halten.

Das kann z.B. in Form einer Ideensammlung geschehen, bei der zentrale Begriffe, Ideen oder auch schon Formulierungen gesammelt und dokumentiert werden. Diese können danach an einer Pinnwand geclustert werden, um dann daraus eine Struktur zu entwickeln.

Ein Leitbild hängt natürlich davon ab, aus welcher Perspektive, Rolle oder Ausgangsgruppe heraus eine Projektidee formuliert wird und wie die anfangs beschriebene Ausgangssituation ist.

Das Leitbild einer Verbraucherinitiative kann anders aussehen, hat möglicherweise eine andere Perspektive als das Leitbild, das ein existierender Betrieb von einer solidarischen Erzeuger-Verbraucher Kooperation entwirft. Es sollte darauf geachtet werden, diese unterschiedlichen Ausgangssituationen zu respektieren und zu achten, gerade wenn eine Verbraucherinitiative und ein landwirtschaftlicher Betrieb oder eine Landwirt*in gemeinsam eine Solidarische Landwirtschaft entwickeln möchten.

Konflikte

Sollten im Prozess der Leitbildformulierung und der nachfolgenden Ausarbeitung der rechtlichen Struktur immer wieder Wertediskussionen aufkommen, die den Prozess bremsen oder Entscheidungen erschweren, so kann dies ein Hinweis darauf sein, dass entweder die Beschäftigung mit Werten oder grundlegenden Vorstellungen bisher nicht in ausreichendem Maße stattfand oder aber, dass andere (z.B. persönliche) Konflikte hinter Wertediskussionen versteckt werden. Manchmal kann die Festlegung auf eine Rechtsform und Organisationsstruktur mit persönlichen Ängsten behaftet sein, die Entscheidungen verhindern oder blockieren.

An diesem Punkt kann es hilfreich sein, der Auseinandersetzung mit grundlegenden Bedürfnissen und Wünschen nochmal Raum zu geben und persönliche Ängste zu thematisieren, denn dahinter stehen meist konkrete Bedürfnisse. Im Fall von schweren Konflikten kann eine Mediation oder Moderation des Prozesses sinnvoll sein.

Es ist notwendig zu akzeptieren, dass die rechtliche Struktur nur in sehr begrenztem Maß die Umsetzung von allen Wünschen und Bedürfnissen gewährleisten kann, sondern nur einen Rahmen dafür bildet. Der soziale Raum wird durch die beteiligten Menschen in der sich bildenden Gemeinschaft gestaltet.

Gegebenenfalls kann das Ergebnis dieses Prozesses sein, dass eine gemeinsame Basis nicht gegeben ist. Dann kann unter Umständen auch eine Trennung notwendig sein. Dies hängt vom Umfang der Konflikte und den Zielen des Projektes ab.

5. Entscheidungen treffen

Die rechtliche Struktur bildet den Handlungsrahmen, gemeinsame Vereinbarungen die Regeln für die Zusammenarbeit und die Verhandlung von konkreten Interessen. Der folgende Schritt ist deshalb von besonderer Bedeutung. Während bis jetzt der Austausch über Interessen und Ziele in der Breite geführt wurde um die gemeinsame Basis zu entdecken und zu festigen, kommt es in diesem Schritt darauf an, vor dem Hintergrund der bisherigen Überlegungen Ziele und Strukturen konkret zu benennen und zu fixieren.

Dabei ist es wichtig, sich von dem Anspruch zu lösen »Alles« zu verwirklichen. Es ist nicht möglich allen Interessen und Bedürfnissen gerecht zu werden. Es kommt jetzt darauf an, sich darauf zu verständigen, welche Kernaufgaben und Ziele mit der solidarischen Landwirtschaft in welcher Organisation umgesetzt werden sollen. In Abhängigkeit von der Ausgangssituation und den Zielen kann der Umfang der Organisationsstruktur dabei sehr unterschiedlich sein.

Die grundlegende Struktur der solidarischen Landwirtschaft mit ggf. verschiedenen Rechtsträgern kann in einem Organigramm dargestellt werden. Aus diesem können die unterschiedlichen Funktionsbereiche und das Verhältnis zwischen Betrieb und Verbrauchergemeinschaft deutlich werden. Einzelnen Funktionsbereichen kann eine Rechtsform zugewiesen werden.

Im Anschluss daran können Zuständigkeiten und Aufgaben dieser Funktionsbereiche und Rechtsträger beschrieben werden. Dies ist hilfreich bei der Ausgestaltung und Formulierung von daraus folgenden Regelungen. Mit den folgenden Fragen kann die Diskussion strukturiert werden. Sie können einzeln oder auch in der Gesamtheit bearbeitet werden, je nachdem, wie groß der Klärungsbedarf ist. Ggf. kann die Ausarbeitung in einem moderierten Rahmen stattfinden.

- *»Welchem Typ von solidarischer Landwirtschaft kann die Organisationsstruktur am ehesten zugeordnet werden?« (Betriebsorientiertes Modell, Kooperationsmodell, gemeinschaftliches Modell)*

- *»Wie soll das Verhältnis zwischen Verbrauchergemeinschaft bzw. den einzelnen Verbrauchern und Betrieb gestaltet sein?« (individuelle Ratenkaufverträge, eigenständige Verbrauchergesellschaft, Mitunternehmerschaft, gemeinsames Eigentum am Betrieb)*

- *»Wie soll die Verbrauchergemeinschaft rechtlich gestaltet sein?« (eigenständige Gesellschaft oder nicht)*

- *Existiert eine unabhängige Trägerschaft für den Hof oder soll eine gebildet werden?*

- *»Wie soll der Betrieb rechtlich gestaltet sein bzw. wie ist er gestaltet?« (Rechtsform, Eigentümer, Träger des unternehmerischen Risikos, Unternehmer, Angestellte)*

Für die Konkretisierung der rechtlichen Struktur und der Wahl von Rechtsformen für die Funktionsbereiche sollten die im vergangenen Kapitel genannten Aspekte und Kriterien berücksichtigt werden. Diese können durch die folgenden Leitfragen bearbeitet werden:

- *Wer ist Eigentümer des Betriebes?*
- *Was umfasst der Betrieb und wo wird er gegenüber anderen Bereichen abgegrenzt?*
- *Welche Entscheidungsbereiche gibt es, wer trägt in diesen die Verantwortung?*
- *Wer trägt das unternehmerische Risiko?*
- *Ist eine Haftungsbeschränkung wichtig?*
- *Wer ist Geschäftsführer?*
- *Sind Landwirt*innen/Gärtner*innen Angestellte oder Selbständige?*
- *Wie werden Vermögensaufbau und Investitionen gestaltet?*
- *Sollen Mitglieder als Mitunternehmer*innen am Betrieb beteiligt werden?*
- *Welchen Stellenwert hat eine institutionalisierte Kontrolle durch Mitglieder oder Gesellschafter?*

Zwei Hinweise sollen an dieser Stelle noch gegeben werden:

1.) Steuerliche Aspekte sollten bei der Wahl der Rechtsform zweitrangig sein.

2.) Die Organisationsstruktur sollte so einfach und unbürokratisch wie möglich sein und Klarheit für zukünftige Entscheidungen bringen.

Es ist auch wichtig, den Prozess der Wahl der Rechtsform nicht unnötig hinaus zu ziehen, sondern an einem bestimmten Punkt eine Entscheidung zu treffen und dann mit dieser Entscheidung weiter zu arbeiten. Dafür ist ein gewisser Pragmatismus und Realismus notwendig. Abschließend sollte die Organisationsstruktur in einem Organigramm visualisiert und konzeptionell schriftlich zusammengefasst werden.

Nach einer gemeinsamen Entscheidung darf der Beschluss gefeiert und zelebriert werden, denn damit ist ein wichtiger und grundsätzlicher Schritt vollbracht, der die Tür öffnet für eine neue Ebene: die Belebung der geschaffenen Strukturen und damit die Umsetzung der Ideen in die Praxis.

6. Zusätzliche Vereinbarungen & Regelungen formulieren

Im nächsten Schritt müssen rechtlich bindende Regelungen und Vereinbarungen für die einzelnen Strukturen getroffen werden, die im vorhergehenden Schritt entworfen wurden. Die meisten Rechtsformen erfordern eine Satzung, einen Gesellschaftsvertrag oder ähnliche Regelungen. Bei der Gründung einer GbR ist z. B. ein Gesellschaftsvertrag auszuarbeiten, bei der Gründung eines Vereins eine Satzung, bei der Kooperation zwischen einem landwirtschaftlichen Betrieb und einer Verbrauchergemeinschaft oder deren Einzelmitgliedern ist der Kooperations- bzw. Mitgliedschaftsvertrag zu formulieren, usw. Oft kann dabei auf Beispiele anderer Betriebe oder Solawis zurückgegriffen werden, jedoch müssen solche Vorlagen in jedem Fall den konkreten Bedingungen angepasst werden. Es gibt keine zwei gleichen Betriebe.

Bei der Aufsetzung der Mitgliedschaftsverträge zwischen den Einzelmitgliedern der Verbrauchergemeinschaft und dem Betrieb muss darauf geachtet werden, dass die nicht gewollte implizite Bildung eines Zusammenschlusses auf Verbraucherseite ausgeschlossen wird. Bei der Formulierung eines Gesellschaftsvertrags geht es um weit darüber hinaus gehende Interessen, die mit entsprechender

Sorgfalt zwischen den Gesellschaftern ausgehandelt werden müssen. Für die Formulierung dieser Verträge sollte genügend Zeit eingeplant werden. Der Vertrag sollte gut bedacht sein und durch die rechtlich Betroffenen und damit auch verantwortlichen Personen ausgehandelt werden. Die Verträge sollten extern durch einen mit den entsprechenden Zusammenhängen vertrauten Notar oder Rechtsanwalt geprüft werden und müssen bei der Eintragung der Rechtsform hinterlegt und notariell beglaubigt werden.

Darüber hinaus besteht jetzt auch der Freiraum für die weitergehende Gestaltung der solidarischen Landwirtschaft als Ganzes, das heißt vor allem im alltäglichen und menschlichen Miteinander. So können Regeln aufgestellt werden, nach denen Entscheidungsprozesse ablaufen oder Abläufe entwickelt werden, wie die Verteilung der Lebensmittel organisiert wird. Es kann vereinbart werden, in welchem Umfang gemeinsame Versammlungen stattfinden oder welche kulturellen Aktivitäten entwickelt werden sollen. In vielen Solawis ist diese gemeinsame Gestaltung die Basis des guten Miteinanders und der Alltag, der die Solidarische Landwirtschaft mit Leben füllt.

7. Entscheidungen umsetzen

Wenn alle Entscheidungen getroffen sind, ist es an der Zeit diese umzusetzen. Dafür ist es zu empfehlen einen Arbeitsplan und einen Zeitplan aufzustellen, der erstere ist inhaltlich ausgerichtet, der zweite chronologisch. Es sollten Überziele und Unterziele formuliert werden und Meilensteine, d. h. Einzelne Arbeitspakete oder Teilziele, die auf einem Zeitstrahl dargestellt werden können und es sind jeweils Verantwortliche für einzelne Aufgaben verbindlich zu benennen. Wenn bis jetzt noch nicht geschehen, sind ein Rechtsanwalt und ein Steuerberater des Vertrauens zu finden, die den weiteren Prozess der Gründung und Eintragung rechtlich begleiten und auch in Zukunft für rechtliche und steuerliche Fragen bereit stehen. Die notwendigen Anmeldungen in Handels- oder Vereinsregister sind vorzubereiten. Gegebenenfalls ist eine Gründungsversammlung zu planen, wenn dies noch nicht geschehen ist.

Unvereinbarkeit mit rechtsextremen, menschenfeindlichen Bestrebungen

Immer wieder kommt es vor, dass Organisationen oder Einzelpersonen mit rechtsextremen, menschenfeindlichem Bestrebungen versuchen, sich Einfluss in der solidarischen Landwirtschaft zu verschaffen. Nach einhelliger Meinung der Menschen im Netzwerk Solidarische Landwirtschaft stehen solche Ideologien und Bestrebungen zu den Grundideen der solidarischen Landwirtschaft im absoluten Widerspruch.

Mehrfach hat sich gezeigt, dass eine Abgrenzung im Nachhinein und der Ausschluss von Personen mit aufwendigen und kräftezehrenden Auseinandersetzungsprozessen verbunden sein können. Mit einer frühzeitigen Klarstellung und Positionierung kann dagegen solche Auseinandersetzungen reduzieren und rechtsextremen Bestrebungen bereits vorab eine Absage erteilen.

Das Netzwerk solidarische Landwirtschaft hat deshalb aus der praktischen Erfahrung heraus die Unvereinbarkeit entsprechender Bestrebungen mit der Grundidee der solidarischen Landwirtschaft in ihre Statuten aufgenommen. Der folgende Formulierungsvorschlag, der sich an den Statuten des Netzwerkes Solidarische Landwirtschaft orientiert, kann bei der Ausformulierung der eigenen Satzung oder der öffentlichen Darstellung genutzt werden.

»Die solidarische Landwirtschaft versteht sich als Zusammenschluss von Menschen, die sich dem Gedanken des Humanismus, der Völkerverständigung, dem Internationalismus und den Menschenrechten verbunden fühlen. Sie ist überparteilich und überkonfessionell.

Sie duldet deshalb keine rassistischen, nationalistischen, homophoben, fremdenfeindlichen und keine anderen diskriminierenden oder menschenverachtenden Bestrebungen. Dem widersprechende Handlungen sowie ein Engagement in Parteien und Organisationen, die zu diesem Grundverständnis im Widerspruch stehen, sind mit einer Mitgliedschaft in der solidarischen Landwirtschaft nicht vereinbar.«

Teil 2

Beispielbetriebe in der solidarischen Landwirtschaft

Kartoffelkombinat eG

Das Kartoffelkombinat wurde im April 2012 als eG gegründet. Es ist seitdem mit hoher Dynamik gewachsen. In der Selbstbeschreibung »lehnt sich das Kartoffelkombinat an die Prinzipien der solidarischen Landwirtschaft an«. Im Jahr 2016 wurde der gemeinnützige Verein ›Kartoffelkombinat – Der Verein e. V.‹ gegründet, der unabhängig von der Genossenschaft u. a. Bildungsarbeit betreibt.

Die Produkte der Genossenschaft wurden bis 2016 auf einem Kooperationsbetrieb angebaut. Darüber hinaus wurden weitere Erzeugnisse von regionalen Öko-Partnerbetrieben zugekauft. Anfang 2017 wurde eine ehemalige Baumschule mit 7 ha Land erworben und weitere 11 ha gepachtet. Die Produktion erfolgt nun durch die Genossenschaft selbst. Von den 18 ha werden aktuell 4 ha für den Gemüsebau genutzt, auf den restlichen erfolgt Gründüngung zum Bodenaufbau. In zwei Gewächshäusern wird auf 1.500 m² unter Glas angebaut. Perspektivisch soll ein Beerenobstgarten angelegt und möglicherweise irgendwann auch ein Obstbetrieb angeschlossen werden. Der bisherige Gemüsebetrieb produziert komplett für den eigenen Verbrauch und erzeugte 2016 etwa 45 % des eigenen Bedarfes, 55 % wurden zugekauft. Der Anteil an der Eigenversorgung soll bis 2020 auf 80 % gesteigert werden. Alle Partnerbetriebe sind ökologisch zertifiziert und im Umkreis von max. 100 km angesiedelt. Zugekauft werden nur saisonale Produkte. Die Abnahmeabsprachen erfolgen jeweils für ein Jahr. Die Mitglieder des Kartoffelkombinates können zusätzlich Brot über ein Brot-Abo bestellen, das wöchentlich gekündigt werden kann. Die Genossenschaft hat mittlerweile etwa 1 050 Mitglieder, es werden ca. 930 Ernteanteile verteilt. Perspektivisch sollen 2020 etwa 1 600 Ernteanteile verteilt werden. Das Gesamtbudget des Betriebes liegt 2017 bei 800.000 €.

Im Jahr 2017 werden 1 Vollzeit-Gärtner und 3 Teilzeit-Gärtner*innen (2 × 20 Std. und 1 × 32 Std.) ganzjährig und 4 Ernte-Helfer*innen (2 × 20 Std. und 2 × 15 Std.) für 9 Monate beschäftigt. Im Pack-Team arbeiten 5 Aushilfen (1 × 8 Std. und 4 × 4 Std.) ganzjährig, im Fahrer-Team ein Festangestellter (18 Std.), 4 Aushilfen (3 × 9 Std. und 1 × 4,5 Std.) sowie eine selbständige Fahrerin. Daneben existiert eine Vollzeitstelle (40 Std.) für die Verwaltung & Kistenplanung und eine Teilzeitstelle (30 Std.) für Organisation und Kommunikation. Die beiden Vorstände arbeiten in Vollzeit (40 Std.) und Teilzeit (20 Std.). 4 Praktikanten sind über das Jahr für jeweils 6 Monate eingeplant. Es wird eine faire, d. h. gemessen am Branchendurchschnitt, überdurchschnittliche Entlohnung angestrebt. Das niedrigste Gehalt liegt bei 2.200 € Brutto, das höchste bei 4.600 € Brutto Vollzeit, d. h. die Spreizung zwischen niedrigstem und höchstem Gehalt liegt bei 1 zu 2,1.

Organigramm Kartoffelkombinat eG

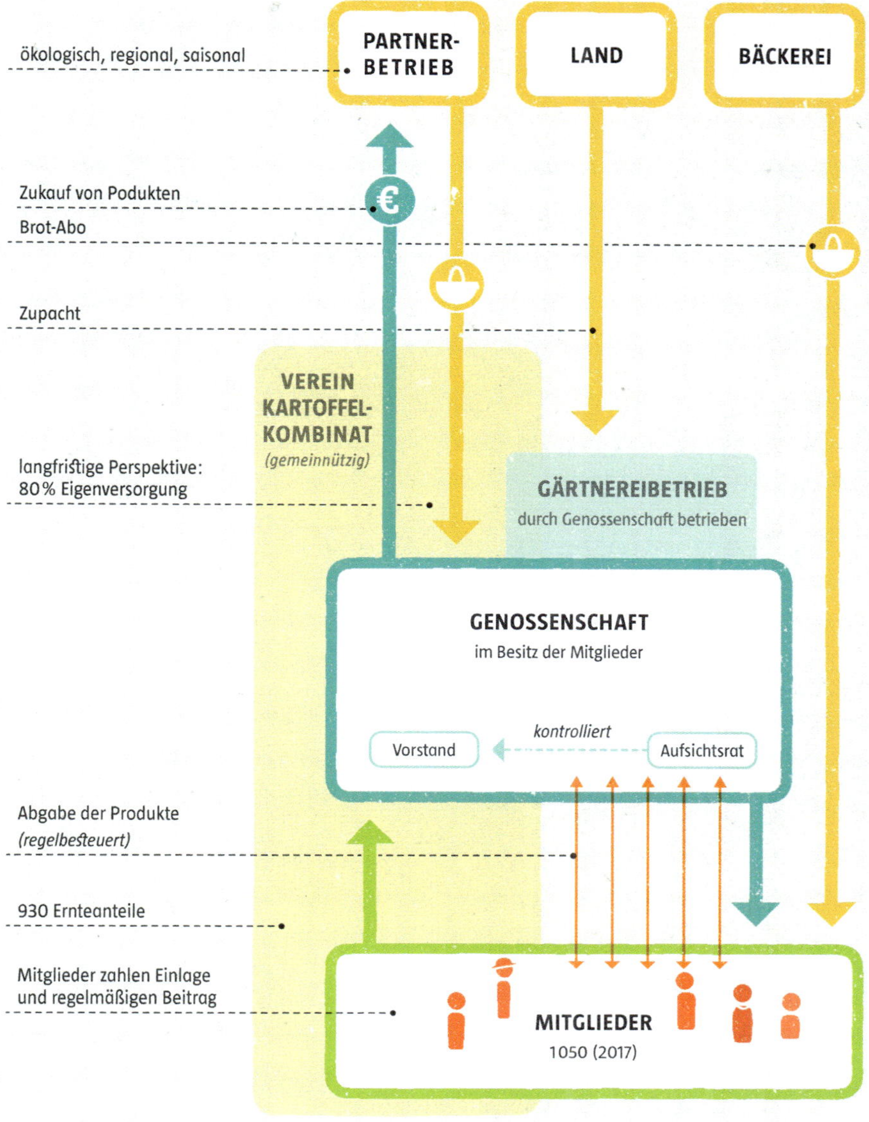

Die Genossenschaft als Rechtsform wurde aus Haftungsgründen gewählt und damit nicht Privatpersonen die Eigentümer sind. Gleichzeitig war eine stabile, klar strukturierte und wirtschaftlich ausgerichtete Rechtsform angestrebt. Aus diesem Grund wurde der Verein verworfen. Eine gemeinschaftliche und basisdemokratische Entscheidungsstruktur war ebenfalls wichtig. Es blieben AG und Genossenschaft. Mitsprache und Stimmrecht sollten nicht an das Finanzvolumen gekoppelt sein, damit blieb nur die Genossenschaft übrig. Die Genossenschaft ist im Eigentum aller Mitglieder und selbst Betriebsträger für den Gemüseanbau. Als vorteilhaft haben sich die Möglichkeiten für Investitionen aus der Mitgliedschaft heraus erwiesen. Die Genossenschaft hat einen hohen Eigenkapitalanteil und sehr geringe Bank-Kredite. Steuerlich optiert der Betrieb zur Regelbesteuerung.

Mit der Genossenschaft wurden gute Erfahrungen gemacht und sie hat sich in der politischen Kommunikation nach außen als vorteilhaft erwiesen (Basisdemokratie, Mitsprache, Selbstorganisation). Die Rechtsform bewirkt eine hohe Attraktivität, Glaubwürdigkeit und gefühlte Transparenz in der interessierten Öffentlichkeit. Vorteilhaft sind die klaren Vorgaben (der Prüfverband wirkt unterstützend und beratend), das Mitbestimmungsmodell und die Rechenschaft bzw. Kontrolle wirken strukturierend und klärend. In Konfliktsituationen zwingt das zur Zurückhaltung und Rechenschaft gegenüber Kontrollgremien und Mitgliedern.

Als nachteilig wird der mit der Struktur verbundene organisatorische und finanzielle Aufwand genannt. Das ist ein hoher Kostenfaktor (Prüfverband, Jahresabschluss, Steuerbüro, Buchhaltung) und lohnt sich nur, wenn eine gewisse Größe angestrebt ist. Beratung wurde beim Betriebskauf und bei der Entwicklung in Anspruch genommen. Über die Mitgliedschaft im Naturland-Verband wird eine gärtnerische-ökologische Fachberatung in Anspruch genommen. In weiteren fachlichen Fragen (Bewässerung, Stromnetzt, Architektur) kann immer wieder auf das große Potential der Mitglieder zurückgegriffen werden.

Das Kartoffelkombinat ist eher unternehmerisch-kommunikationsorientiert ausgerichtet. Es hat eine basisdemokratische Grundanlage, die Gestaltung und operativen Entscheidungen liegen aber weitgehend bei dem geschäftsführenden Vorstand (zwei Personen), der durch den Aufsichtsrat (drei Personen) kontrolliert wird. Entscheidungen werden an die Mitglieder kommuniziert und transparent gemacht. Meinungsbilder und Befragungen werden zur Rückkopplung genutzt. Als besonderer Erfolg werden die fairen Löhne, die soziale Gestaltung der Arbeitsbedingungen und die Einbindung von Geflüchteten genannt. Die größten Herausforderungen liegen aktuell in der genauen Kostenplanung und den eigenen gärtnerischen Betrieb zum Laufen zu bekommen.

Solawi-Verbund Schinkeler Höfe

Vier Bioland-Betriebe aus der Region Schinkel und anfänglich 51 private Haushalte im Umland von Kiel bis Eckernförde haben sich 2015 zu einem Verbund Solidarischer Landwirtschaft zusammengeschlossen. Ziel ist es, die Betriebe, die Böden und die Landschaft zukunftsfähig zu erhalten und eine große Vielfalt regionaler Lebensmittel unter hohen ökologischen Standards zu erzeugen. Die Initiative zur Gründung des Verbunds Solidarische Landwirtschaft erfolgte von Verbraucherseite. Die Höfe bestehen und kooperieren bereits seit Mitte der 1980er Jahre. Zum Verbund gehören die Bäckerei KornKraft (Getreideprodukte, Brot, Kuchen), der Milchhof Rzehak (Vorzugs- und Vollmilch, Joghurt, Quark und Fleisch), der Wurzelhof (Gemüse) und der Hof Mevs (Ziegenkäse und -fleisch, Eier, Hühner, Kartoffeln, Zwiebeln).

Die Solawi-Initiative von Verbraucher*innenseite erhielt ihren entscheidenden Impuls aus einem Gespräch mit Mathias von Mirbach (Kattendorfer Hof) im Jahr 2014. Ein gut besuchter Vortragsabend von Wolfgang Stränz (Buschberghof) und ein gemeinsames Frühstück mit den Bauern aus Schinkel im Frühjahr 2015, gaben den Anstoß sich auf den Weg der Solidarischen Landwirtschaft zu begeben. Die Entscheidung erfolgte nicht aus der Not heraus, sondern aus dem Wunsch eine zukunftsfähige Wirtschaftsform der stärkeren Kooperation und Diversifizierung aufzubauen. Ein großer Vorteil bei der Gründung des Verbundprojektes war die lange Kooperationserfahrung und das daraus entstandene Vertrauen.

Das Netzwerk Solidarische Landwirtschaft bot durch seine Informationen und zahlreichen erfolgreichen Beispielen eine wichtige Basis für alle Interessierten, die sich fragten, ob ein solches Experiment wirklich funktionieren könnte. Das Werbe- und Anschauungsmaterial und die Bestärkung einfach loszulegen, war ebenfalls sehr hilfreich. Über die Netzwerk-Homepage sind einige wichtige Akteure zur Initiative gekommen.

Nach einer sehr schnellen Gründungsphase von 7 Monaten versorgte der Verbund ab Oktober 2015 schon 51 Mitglieder und bereits 111 Mitglieder im Juli 2016. Für die Saison 2017 sind 130 Ernteanteile angestrebt. Dies entspricht für 2017 etwa 250 Personen. Je Ernteanteil werden 150 € berechnet. Mit dem zusätzlichen Liefer-/Depotbeitrag von 10 € werden die Kosten der Verteilung gedeckt. Einmal wöchentlich werden die Lebensmittel an die Depots geliefert und dort unter den Mitgliedern aufgeteilt. Alle Ernteanteile sind gleich. Es gibt keine Abgrenzung von vegetarischen oder veganen Ernteteilen, aber in den Depots können Produkte getauscht werden.

Eine anfängliche Herausforderung war die Bestimmung des eigenen Bedarfes auf Verbraucherseite bzw. der Größe der Ernteanteile und der unterschiedlichen Produktmengen der verschiedenen Höfe sowie die Aufteilung des Budgets der beteiligten Betriebe.

Die Beitragsbestimmung von 150 € erfolgte durch eine Schätzung der Verbrauchergemeinschaft der durchschnittlichen Ausgaben für Lebensmittel. Die Aufteilung der Beiträge auf die Betriebe erfolgte durch wiederholte Anpassung des Verteilungsschlüssels vor Beginn der ersten Lieferung. Aktuell erhalten der Wurzelhof 40 %, der Ziegenhof Mevs 28 %, die Bäckerei KornKraft 17 % und der Milchhof Rzehak 15 % des Gesamtbeitrags in Höhe von ca. 200.000 €.

Die Organisation der Schinkeler Höfe erfolgt durch monatliche Treffen von Vertreter*innen aller Arbeitsgruppen mit den Höfen. Diese Versammlung trifft die grundsätzlichen Entscheidungen und Absprachen. Thematische Mitgliedertreffen finden ebenfalls monatlich und öffentlich statt. Die verschiedenen thematischen Arbeitsgemeinschaften (z. B. Verwaltung, Öffentlichkeitsarbeit, Kommunikation, Verteilung, ...) kommunizieren über E-Mail-Listen. Die Arbeit erfolgt bislang ehrenamtlich. Es gibt mehrere Ernte-Aktionstage. Die Teilnahme ist freiwillig und dient auch dem Austausch unter den Mitgliedern und zwischen diesen und den Höfen. Die Verteilung auf die Depots wird durch die Verbrauchergemeinschaft organisiert.

Weder die Verbrauchergemeinschaft noch der Verbund Solidarische Landwirtschaft hat eine eigene Rechtsform. Die Solawi ist eine Kooperation der beteiligten Betriebe mit der selbstorganisierten Verbrauchergemeinschaft. Die Betriebe sind rechtlich selbständig. Die Abgabe der Produkte erfolgt als Verkauf der Einzelbetriebe an die Verbrauchergemeinschaft. Die Verbrauchergemeinschaft ist eine private Abholgemeinschaft.

Es gibt Überlegungen zum Ausbau der Milchverarbeitung und zum Aufbau einer eigenen Käserei. In welcher Form dies geschehen kann, ob als Teil des Milchbetriebes oder auch durch den Gesamtverbund getragen oder durch die Verbrauchergemeinschaft, ist Teil der Überlegungen. Die Bäckerei Kornkraft steht vor der Umstrukturierung/Nachfolgegestaltung und die Anlage einer Streuobstwiese wird diskutiert.

Verbund Schinkeler Höfe: Wurzelhof

Der Wurzelhof besteht seit 1987 als Vollerwerbsbetrieb und wird als GbR geführt. Seit September 2015 ist er Teil des Verbunds Solidarische Landwirtschaft. Der Verbund erhält vom Wurzelhof eine breite Auswahl saisonaler Gemüsesorten. Der Betrieb bewirtschaftet insgesamt 9,6 ha. Davon sind 0,5 ha Eigenland und 4 ha Pachtland einer Eigentümergemeinschaft, 1 ha ist von der Kirche und 4 ha vom Nachbarn gepachtet. Der Kauf des Kerngeländes mit 4 ha erfolgte vor 30 Jahren als Eigentümergemeinschaft durch 30 im Grundbuch eingetragene Personen.

Es wird intensiver Gemüse- und Futterbau (50/50) betrieben und Naturschutzflächen werden bewirtschaftet. Das Kleegras/Leguminosen Gemenge wird intensiv als organisches Mulchmaterial im Gemüsebau eingesetzt. Der Betrieb beschäftigt ca. 5 Voll-AK. Ca. 40 % der Produkte gehen an die Verbrauchergemeinschaft. Etwa 40 % (ca. 80.000 €) des Betriebsbudgets wird derzeit über die Solidarische Landwirtschaft getragen. 2017 werden davon 130 Mitglieder versorgt.

Steuerlich pauschaliert der Betrieb. Die Erfahrungen mit der GbR sind ausschließlich gut, bedingt durch das gute Verhältnis der beteiligten Gesellschafter. Die Erfahrungen mit der Eigentümergemeinschaft (Gemeinschaft Schinkel) sind ebenfalls sehr gut. Das Land ist dadurch praktisch wie Eigentum. Die Eigentümergemeinschaft hat eine große ideelle Bedeutung für das Selbstverständnis des Betriebs und ist mit der Betriebsentstehung und -entwicklung eng verbunden und der Ausgangspunkt der langjährigen Zusammenarbeit der Höfe. Von Anfang an stand nicht die ökonomische Gewinnmaximierung im Vordergrund, sondern ein sinnvolles Wirtschaften sowie ökologische und soziale Qualitäten.

Die finanzielle Beteiligung bzw. Unterstützung von Mitgliedern ist ein wichtiger Aspekt, um die Abhängigkeit von Krediten zu reduzieren. Gemeinsame Entscheidungen sind ebenfalls wichtig. Allerdings müssen Entscheidungen von Menschen getragen werden, die sie im Alltag betreffen und dürfen nicht über deren Köpfe hinweg entschieden werden. Risiken sollten geteilt werden. Die sehr hohe Organisationskompetenz und Diskussionskultur in der Verbrauchergemeinschaft werden hervorgehoben. Diese Kommunikationskompetenz ist ein zentrales Element für gemeinsame Entscheidungen und ein konstruktives Miteinander.

Beratung zur Umstellung gab das Netzwerk. Beratungsbedarf besteht zu rechtlichen Fragen und möglichen Förderprogrammen. Herausforderungen sind zur Zeit, den Wachstumsprozess so zu gestalten, dass die Identität und das gewachsene Vertrauen bestehen bleibt. Weitere Herausforderungen auf Verbraucherseite sind die teilweise Anpassung von Lebensstilen und die Organisation der Depots.

Durch die Umstellung auf Solidarische Landwirtschaft hat die Arbeitsbelastung aufgrund der Prozesse eher zugenommen. Allerdings hat sich das Arbeiten entspannt und ist wesentlich unbelasteter. Die Risikoabsicherung ermöglicht mehr Mut im Probieren. Experimente im Anbau sind leichter und werden mitgetragen. Das verbessert die emotionale Sicherheit und den Spaß beim Arbeiten und ist mit wirtschaftlich positiven Konsequenzen verbunden. Große Zufriedenheit besteht auch mit dem Kommunikationsprozess. Als sehr befriedigend wird beschrieben, sich nicht alleine behaupten zu müssen und die richtigen Dinge tun zu können. Der gemeinsame Austausch, die Unterstützung und Wertschätzung werden sehr geschätzt.

Verbund Schinkeler Höfe: Hof Rzehak

Der Biohof von Anne und Harald Rzehak, Biohof Rzehak, hält rund 45 Milchkühe mit ihrem Nachwuchs und zwei Schweine und produziert für den Verbund Milch, Joghurt, Quark und Fleischprodukte.

Der Familienbetrieb wurde 1985 auf biologische Landwirtschaft umgestellt. Seit den Anfängen ist das Ziel, die Kühe so gut wie möglich zu versorgen und den Kund*innen die beste Milch anzubieten. Wichtigstes Standbein des Betriebes ist aktuell die Direktvermarktung: Milch und Milchprodukte gehen an Naturkostläden, Kindergärten, Kantinen sowie Haushalte in der Region und werden über den eigenen Hofladen vertrieben. Neben der Bewirtschaftung des Grünlands für die Viehhaltung wird auf einigen Ackerflächen Getreide angebaut.

Zurzeit steigt Sohn Yannick mit Freundin Anna in den Betrieb ein, um ihn langfristig zu übernehmen. Tochter Tonia beginnt die Verarbeitung der Milch weiter auszubauen. Bereits früher wurde grundsätzlich darüber nachgedacht auf Solidarische Landwirtschaft umzustellen. Das Angebot von einem reinem Milchviehbetrieb wäre jedoch zu spezialisiert und eine Umstellung ohne zusätzliche Hilfe nicht neben dem normalen Betrieb zu realisieren gewesen.

Die Situation auf dem Hof war ein entscheidender Faktor für die Gründung der Solawi. Das Projekt Solawi wäre wahrscheinlich nicht angegangen worden, wenn nicht der Sohn bereits in der Hofnachfolge eingebunden gewesen wäre. Es war möglich, die Entwicklungsperspektive Solawi als eigenes Projekt anzugehen. Wenn die Nachfolge nicht schon beschlossen gewesen wäre, wäre der Hof wahrscheinlich stillgelegt worden.

Als positiv wird die zusätzliche zuverlässige Einnahmequelle, die motivierende Entwicklungsperspektive, der inspirierende Kontakt zu engagierten Menschen, der Anstoß zur Erweiterung des Angebotes durch eine abgesicherte, interessierte Nachfrage genannt. Durch die Entwicklungsperspektive konnte der Einstieg in den Ausbau der Milchverarbeitung angegangen werden. Perspektivisch ist der Ausbau der Milchverarbeitung (Frischkäse, Weichkäse, Hartkäse) und evtl. der Aufbau einer Ochsenmast angedacht. Die Arbeitsbelastung ist nach wie vor sehr hoch und durch die Solawi eher gestiegen (Organisation, Schreibaufwand und Orga-Treffen), im Verhältnis zum Zugewinn (positive Punkte oben) aber sehr gerechtfertigt. In der Konsequenz aus der Solawi-Entwicklung könnten andere Bereiche abgebaut werden.

Verbund Schinkeler Höfe: KornKraft

Die Vollkornbäckerei KornKraft existiert seit 1989 als selbständiges Einzelunternehmen. Seit Oktober 2015 ist der Betrieb Teil des Verbunds Solidarische Landwirtschaft. Die einzelnen Betriebe sind selbständig und sollen auch eigenständig bleiben. Eine Beteiligung von Mitgliedern der Verbrauchergemeinschaft am Betrieb existiert nicht. Kooperationsprojekte, wie z. B. die Meierei, könnten ggf. auch unter eigener Rechtsform gegründet werden. Eine Neuregelung der Eigentümerstruktur der Bäckerei ist ggf. im Rahmen der Betriebsübergabe an evtl. Nachfolger möglich.

Die Bäckerei beschäftigt zwölf Mitarbeiter, davon drei Voll-AK und neun ¾-Stellen, d. h. insgesamt 9,75 AK. Der Betrieb hat einen Jahresumsatz von etwa 450.000 €. Davon werden etwa 7,5 % durch die Solidarische Landwirtschaft gedeckt. Dieser Anteil soll perspektivisch ausgeweitet werden. Die Bäckerei verarbeitet fast ausschließlich Getreide aus der Region Schinkel. Sie arbeitet handwerklich und vermarktet direkt. Auf die gute Gestaltung der Arbeitsbedingungen wird bereits jetzt Wert gelegt. Gebacken wird nur an fünf Wochentagen, während der Betriebsferien im Sommer wird der Betrieb komplett unterbrochen. Mit dem Aufbau der solidarischen Landwirtschaft ist die Hoffnung verbunden, Nachtarbeit weiter zu reduzieren. KornKraft versorgt den Verbund solidarischer Landwirtschaft mit Brot, Brötchen und Kuchen.

Wichtig für die Gründung waren eine Informationsveranstaltung mit Wolfgang Stränz und das Bauernfrühstück im Februar 2015, auf dem die Höfe erstmals die Frage einer gemeinsamen Initiative miteinander besprochen haben. Vorher gab es eine große Skepsis. Mit Erstaunen wurde die Unterstützung interessierter Verbraucher und der Verzicht auf die Freiheiten des Einkaufes (freie Auswahl, flexible Menge) zugunsten einer stärkeren Verbindlichkeit und Unterstützung des Betriebs zur Kenntnis genommen. Für die Gründung war auch die langjährige Kooperation und Vertrauensbasis mit den anderen Betrieben entscheidend.

Herausforderungen liegen aktuell in der Gestaltung der Betriebsnachfolge. Die Transformation vom freien Markt hin zu einem solidarischen Modell ist mit vielen Fragen und auch unternehmerischen Risiken verbunden. Die Bäckerei versorgt mehr Menschen als die landwirtschaftlichen Betriebe. Wie soll dies im Gleichgewicht stehen? Wie sicher kann eine Verbrauchergemeinschaft die Abnahme einer gesamten Produktion gewährleisten? Soll ein laufendes und attraktives Geschäfts- und Vermarktungsmodell (handwerkliche Bäckerei und Direktverkauf) aufgegeben werden?

Kurzfristig ist keine 100-prozentige Solawi, aber eine Ausweitung vorstellbar. Mittelfristig könnten 350-450 Anteile in einem solidarischen Verbund bedient werden. Dies würde einer 100-prozentigen Produktion der landwirtschaftlichen Betriebe für den Verbund entsprechen. Es besteht der Wunsch, auch in der solidarischen Abgabe individuelle Bedürfnisse auf einem hohen Niveau zu bedienen und Serviceaspekte auszubauen.

Die Entwicklung eines solidarischen Unternehmensmodells erfolgte nicht aufgrund der fehlenden wirtschaftlichen Perspektive des Betriebs. Ausschlaggebend waren die lange Kooperationserfahrung und das Interesse an einem grundsätzlich anderen, mehr kooperativen Wirtschaftsmodell, das die Region am Leben erhält und Hoffnungen macht. Es wird betont, dass ein solidarisches Modell mehr Gestaltung ermöglicht und weniger krisenanfällig ist. Als sehr befriedigend werden die Vermeidung von Überständen durch eine punktgenaue Produktion und die geringere Ressourcenverschwendung empfunden.

Verbund Schinkeler Höfe: Hof Mevs

Hof Mevs ist ein Familienbetrieb in zehnter Generation, der seit 1988 biologisch bewirtschaftet wird. Er wurde 2005 von Jahne und Robinia Zastrow übernommen. Schwerpunkte bilden die Milchziegenhaltung und der Anbau von Brotgetreide für die Bäckerei Kornkraft.

Organigramm Solawi-Verbund Schinkeler Höfe

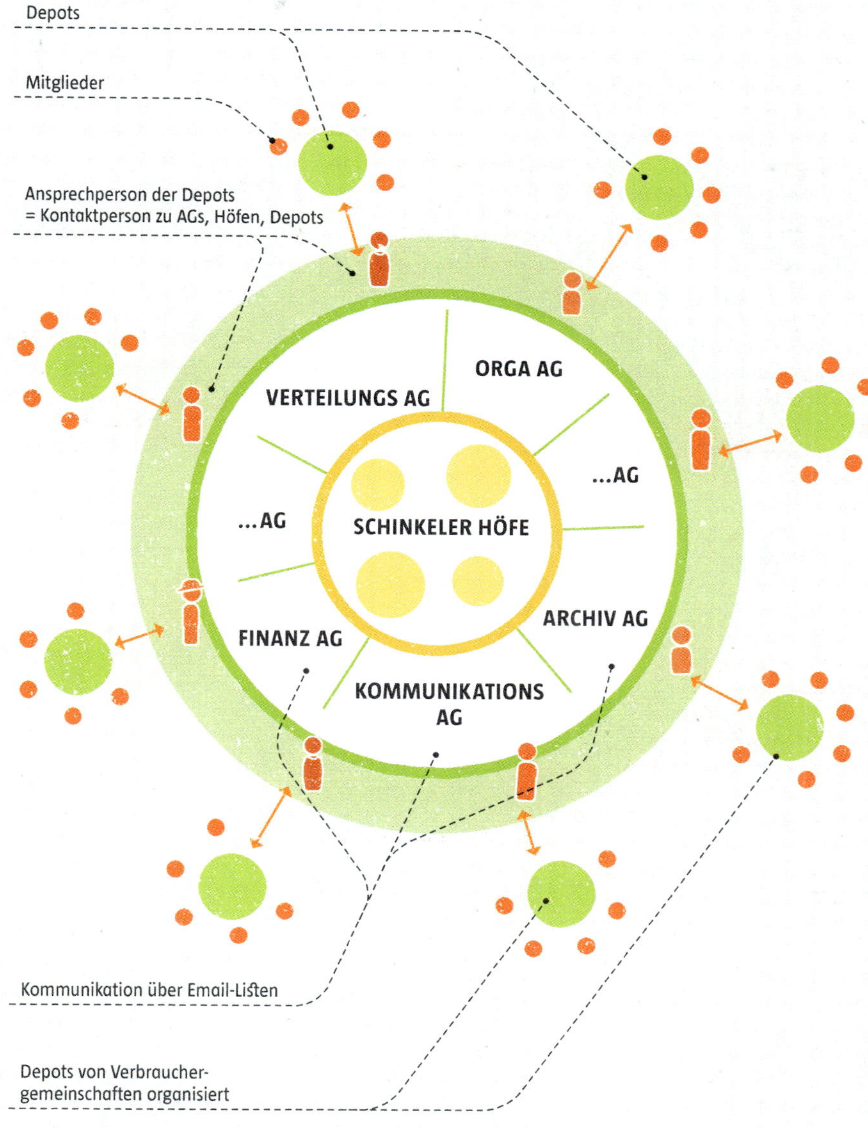

Die Ziegenmilch wird zu Frischkäse und Feta verarbeitet und Fleischprodukte werden hergestellt. 2015 wurde mit der Hühnerhaltung der Rasse »Deutscher Sperber« für den Solawi-Verbund begonnen, um Eier zu erzeugen. Diese alte Zweinutzungsrasse steht bereits auf der roten Liste der vom Aussterben bedrohten Nutztierrassen. Für den Solawi-Verbund wurde mir dem Anbau von Kartoffeln und Zwiebeln begonnen. Perspektivisch soll der Hof stärker diversifiziert und die Ziegenherde verkleinert werden. Der Aufbau einer eigenen Käserei ist angedacht.

Vor 2015 wurde nicht in Erwägung gezogen den Hof auf Solidarische Landwirtschaft umzustellen. Das lag an bestehenden Vorurteilen und anderen Zielen für den Betrieb. Entscheidend für die Entwicklung der solidarischen Landwirtschaft waren der Vortrag von Wolfgang Stränz und das darauf folgende Bauernfrühstück. Die entscheidenden Gründe auf dem Hof für die Gründung der Solawi waren nicht finanzieller Natur. Vorteile wurden in mehr Vielfalt in der Produktion und mehr Nähe zum Verbraucher gesehen. Wichtig waren auch die bereits langjährige Kooperation und Vertrauensbasis der Betriebe.

Durch die Umstellung haben sich zahlreiche Veränderungen ergeben, z. B. die größere Vielfalt in der Produktion, mehr Nähe und Kommunikation mit Verbrauchern und eine bessere Wirtschaftlichkeit aber auch eine höhere Arbeitsbelastung durch parallele Produktion für Solawi und andere Vermarktung.

»Alle Welt redet nur von Regionalität und Saisonalität – SoLawi ist dagegen echt, pur und konsequent! Das ist kein Geschnacke. Dafür ist ein gutes und gemeinschaftliches Miteinander und gegenseitige Akzeptanz essentiell.«

Hof Pente

Der Hof existiert seit über 500 Jahren als Familienbetrieb. Er bewirtschaftet 54 ha und wurde bis 1988 konventionell betrieben. Seit 1988 ist er Bioland bzw. seit 2008 DEMETER-Betrieb.

In drei Folientunneln und auf 4 ha Freiland werden mehr als 60 Gemüsesorten angebaut. Zum Betrieb gehören 35 ha Acker, 5 ha Weide, Streuobstwiesen sowie 10 ha Wald. Es werden Bienen und 5 Mutterkühe mit Nachzucht sowie ca. 50 Freilandschweine, 30 Schafe und ca. 300 Hühner gehalten. Roggen, Dinkel und Weizen werden in einer regionalen Bäckerei verbacken, Fleisch durch einen Schlachter verarbeitet. Die Energieversorgung des Hofes erfolgt über regenerative Energien (Solar- und Photovoltaikanlage sowie Holzheizung).

Neben der Landwirtschaft spielt die Bildung nach einem handlungspädagogischen Ansatz auf dem Hof eine besondere Rolle. Dafür besteht ein gemeinnütziger Verein, der Bildungsprojekte und Veranstaltungen durchführt. Er betreibt u. a. einen Kindergarten und eine Großtagespflegestelle und kooperiert mit Schulen. Durch den handlungspädagogischen Ansatz werden Kinder in alltägliche Handlungen auf dem Hof eingebunden und zum eigenen Tun angeregt.

Der Hof und in etwa die Hälfte der landwirtschaftlichen Flächen sind im Familienbesitz. Die andere Hälfte ist von einem Nachbarn gepachtet. Um die Zweckbindung der landwirtschaftlichen Flächen langfristig festzuschreiben und die Verantwortung auf eine breitere Grundlage zu stellen, wurde 2017 eine Stiftung gegründet, und ein kleiner Teil der landwirtschaftlichen Flächen übertragen. Organe der Stiftung sind ein dreiköpfiger Vorstand und ein siebenköpfiges Kuratorium. Der Hof ist offizieller Partner des UNESCO Natur- und Geopark Terra Vita, Demonstrationsbetrieb Ökologischer Landbau und Kooperationspartner zahlreicher weiterer Projekte.

Der Hof beschäftigt insgesamt 17 Mitarbeiter, davon 5 Auszubildende. Von diesen arbeiten 8 Personen teilweise im Verein in Bildungsangeboten. Dazu kommen die Betriebsleiterfamilien von Vater und Sohn. Das Budget des landwirtschaftlichen Betriebes (ohne Verein), das durch die Mitglieder getragen wird, liegt bei ca. 300.000 €. Dazu kommen Zuschüsse und Fördermittel. Der landwirtschaftliche Betrieb wird als GbR geführt und pauschaliert steuerlich. Darüber hinaus wird eine selbständige Vermarktungsgesellschaft (Nicht-Bio) geführt, die Produkte an die Verbrauchergemeinschaft (ohne eigene Rechtsform) verkauft. Die Erfahrungen mit den gewählten Rechtsformen sind sehr gut.

Die Produkte des Hofes werden zu 100 % über die Solidarische Landwirtschaft abgegeben. Im Jahr 2016 wurden insgesamt 270 Anteile verteilt. 2017 soll die Produktion auf 300 Anteile gesteigert werden. Dafür wurde der Gemüsebau um 20 % erhöht. Das Budget wird durch eine Bieterrunde der Verbrauchergemeinschaft aufgebracht. Die finanzielle Beteiligung von Mitgliedern ist dem Hof sehr wichtig. Sie ist nicht nur für die Budgetdeckung sondern auch für mögliche Privatdarlehen wichtig. Die Entscheidungen auf dem Hof werden auf der Basis von Gesprächen im Dialog mit den Mitgliedern getroffen. Es geht darum, Erfahrungen und Ideen der Mitglieder ernst zu nehmen und in Entscheidungen einzubeziehen. Die letzten Entscheidungen in der Landwirtschaft treffen die Verantwortlichen der GbR. Durch die Gründung von Verein und Stiftung hat eine Verlagerung von Entscheidungsprozessen stattgefunden.

Beratung bei der Umstellung auf Solidarische Landwirtschaft erfolgte durch den Hof Entrup sowie persönliche Beratung. Beratungsbedarf besteht aktuell bei der Gründung einer Schule. Durch die Umstellung des Betriebes hat sich die wirtschaftliche Situation des Hofes wesentlich verbessert. Ausgangspunkt der Umstellung war die Mitteilung des Finanzamtes, eine Gewinnerzielungsabsicht wäre nicht erkennbar. Jetzt beschäftigt der Hof 17 Mitarbeiter. Ohne die Umstellung hätte der Betrieb schließen müssen. Die Einbindung der Mitglieder der Verbrauchergemeinschaft hat viel Leben und zusätzliches Engagement auf den Hof gebracht. Auch die Infrastruktur konnte verbessert werden.

Große Zufriedenheit besteht darin, Menschen über die Aktivitäten auf dem Hof die Möglichkeit zu geben, selbständiges, fruchtbares Denken zu entwickeln und die Gefangenheit in ökonomischen Prozessen, die nichts mit Realität zu tun haben, zu überwinden. Die größten Herausforderungen liegen aktuell darin, die Strukturen für Beteiligung und Teilhabe weiter zu entwickeln (Stiftung) und die Bildungsangebote weiter zu entwickeln (Schulgründung, Kindergarten, Großtagespflege, Lernort, Hof Pente Kolleg).

»Es geht darum eine lernende Gemeinschaft zu kultivieren. Diese Art, gemeinsam lebendig zu sein, ist unglaublich fruchtbar und macht unglaublich viel Spaß«

Organigramm Hof Pente

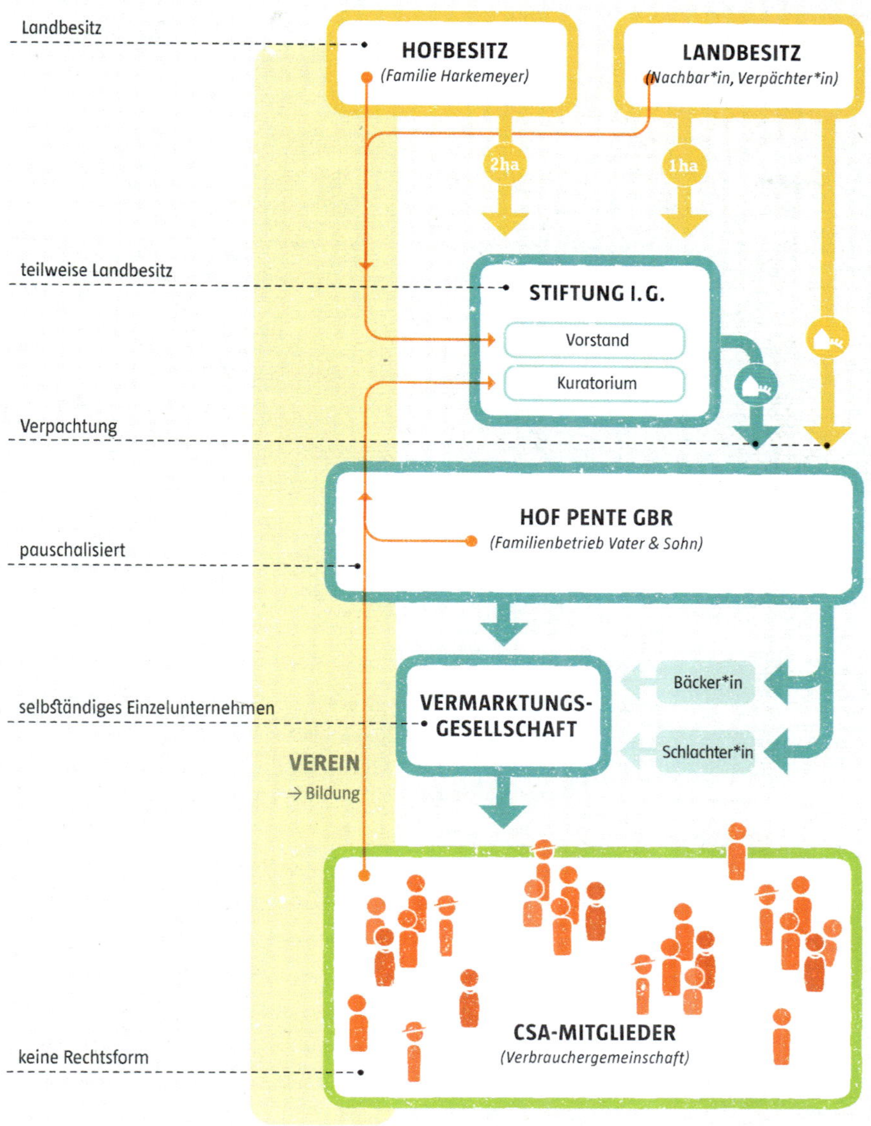

Solawi Ravensburg

Die Solawi Ravensburg liegt im Dorf Hübscher, 6 km vom Stadtzentrum Ravensburg entfernt. Die Gründung erfolgte von Seiten einer Konsumentengruppe. 2014 wurde ein nicht-gemeinnütziger Verein als Betriebsträger gegründet, um den Betrieb einer Gärtnerei aufzunehmen. 2015 wurden eine Betriebsnummer beim Landwirtschaftsamt beantragt und 2 ha Land für den Aufbau des Betriebes gepachtet. Es erfolgte die Anstellung der Gärtner durch den Verein. Bereits in der ersten Saison 2015 wurde mit dem Gemüse begonnen. Innerhalb der ersten zwei Jahre wurde mit Hilfe von Direktdarlehen ein kompletter gärtnerischer Betrieb entwickelt. Ein gebrauchtes Kühlhaus wurde angeschafft, Obstbäume gepflanzt, ein Kräutergarten angelegt sowie zwei Gewächshäuser aufgestellt, ein Wildschutzzaun und eine Werkstatt in einem überdachten ehemaligen Fahrsilo errichtet.

Das Land befindet sich im Eigentum einer Landwirtsfamilie, die ihren Milchbetrieb aufgegeben hatte und sich bereits frühzeitig in die Interessengruppe eingebracht hat. Alle Betriebsmittel gehören dem Verein. Der Verein hat aktuell ca. 170 Mitglieder und verteilt 60 Gemüseanteile in ganzen und halben Anteilen. Der ganze Anteil versorgt eine Familie, der halbe Anteil einen Single-Haushalt. Für 2017 beträgt der Richtwert für einen Anteil beträgt 105 €.

Das Gesamtbudget wird in einer Bieterrunde aufgeboten und liegt 2017 bei etwa 73.000 €. Der größte Posten davon sind mit ca. 52.000 € die Lohnkosten, danach folgen Betriebsmittel (Werkzeuge, Jungpflanzen, Treibstoff) und weitere laufende Kosten für Wasser und Strom. Die Löhne liegen zwischen 11 und 15 €. Die Gärtner sind vom Verein sozialversicherungspflichtig in Teilzeit angestellt. Die Gärtnerei beschäftigt insgesamt 1,6 AK aufgeteilt auf vier Gärtner und produziert komplett für die Solawi. Sie wirtschaftet in Anlehnung an die DEMETER-Richtlinien ökologisch, ist allerdings nicht zertifiziert. Die Mitglieder können den Anbau vor Ort erleben. Wichtig sei der Aufbau von Vertrauen und echter Transparenz.

Die Mitarbeit von Mitgliedern im Gärtnereibetrieb ist freiwillig. Für Buchhaltung und Finanzierung sind nicht die Gärtner, sondern der Vereinsvorstand zuständig. Auch die Organisation von Versammlungen und Festen, sowie die Pflege des Kräutergartens und die Anlage eines Beerengartens liegen beim Vorstand und den Arbeitsgruppen, in denen die Mitglieder sich freiwillig anschließen können. Auch der Bau der Gewächshäuser für den Anbau von Tomaten, Gurken, Paprika und Auberginen fand mit Unterstützung der Mitglieder statt. Gärtnerische Entscheidungen werden in der Regel vom Gartenteam getroffen, der Einkauf von Betriebsmitteln und Maschinen fachlicherseits durch die Gärtner in Absprache mit der

Organigramm Solawi Ravensburg

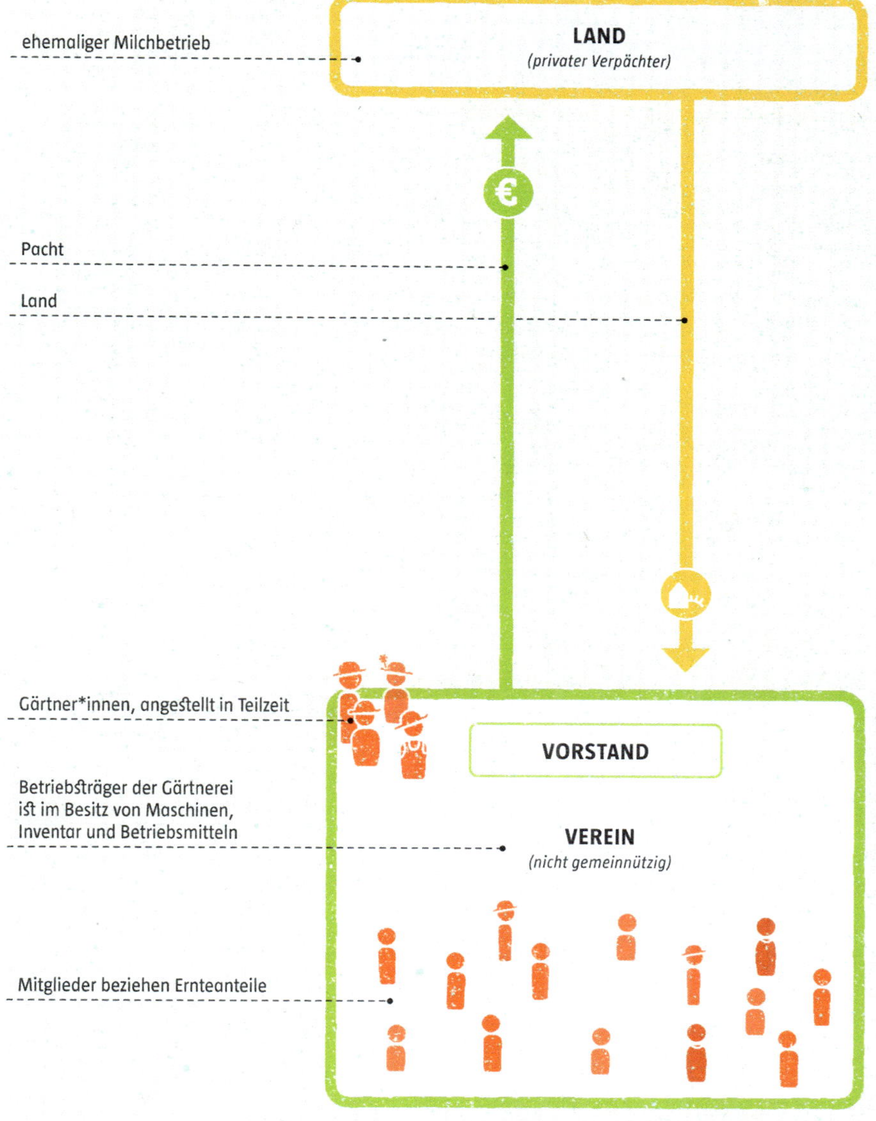

Kasse und Vorstand. Geschäftsführende Themen, wie Personal und Gehälter, werden in der Regel vom Vorstand entschieden, andere Fragen auch nach Abstimmung mit allen Mitgliedern. Mitgliederversammlung finden alle zwei Monate statt.

Die bisherigen Erfahrungen mit solidarischer Landwirtschaft werden als sehr gut beschrieben. Obwohl der Hof der Verpächter nicht in die Solawi eingebunden ist, waren mit der Gründung der Solawi auch Veränderungen im Ort verbunden. Früher war der Hof der Verpächter ein ruhiger Betrieb. Jetzt sind viele Mitglieder der Solawi immer wieder vor Ort, das verändert auch den Hof. Im Jahr werden vier Feste veranstaltet, ein Tag der offenen Hoftür, eine Party und zwei interne Sommer- und Erntedankfeste. Dazu existiert ein Stammtisch. Der Betrieb ist als Lernort Bauernhof zertifiziert.

Eine engere Verbindung zwischen Erzeugern und Verbraucher ergibt sich nicht nebenbei. Kommunikation und Infoveranstaltungen erfordern viel Zeit. Dabei haben sich Ackerführungen und ein regelmäßiger Newsletter als wirksam erwiesen. Öfters gab es Schwierigkeiten an den Verteilstellen, bei denen sich die Mitglieder ihren Anteil selbst abwiegen. Dadurch kommt es manchmal zu Unstimmigkeiten. Gerade am Anfang war es schwierig, Erfahrungen mit dem Boden mussten gemacht werden, der ganze Betrieb erst aufgebaut werden. Da war es nicht einfach die Mitglieder noch zufrieden zu stellen. Als besonders zufriedenstellend wird benannt, dass von Anfang an ein guter Lohn an die Angestellten auszgezahlt werden konnte. Die größte Herausforderung liegt aktuell in der Finanzierung von weiteren Gebäuden. Ein zweites Fahrsilo soll überdacht und zu Vereinsräumen ausgebaut werden. Insgesamt ist es wichtig, den Blick der Mitglieder und den Kontakt zur Basis nicht zu verlieren. Dafür sind Rückmeldungen sehr wichtig und die Entwicklung eines gewissen Gespürs, um Mitglieder nicht zu überfordern. Im vergangenen Jahr gab es unangenehme Erfahrungen mit Vereinsmitgliedern, die Sympathisanten der sogenannten »Reichsbürger« und rassistischer Ideologien waren. Daraufhin wurde die Unvereinbarkeit solcher Ideologien mit der Mitgliedschaft in der Solawi in der Satzung festgehalten. Anderen Solawis wird empfohlen wache Augen und Ohren zu haben und die Satzungen entsprechend zu ergänzen.

Bei der Gründung wurde auf eigene Erfahrungen durch Mitarbeit in der Solawi Freudenthal sowie einen Berater im Netzwerk Solidarische Landwirtschaft zurückgegriffen, auch auf den Austausch und die Anregungen der GartenCoop in Freiburg. Besuche bei Netzwerktreffen werden als hilfreich aber aufgrund der manchmal weiten Entfernung nicht immer umsetzbar beschrieben. Mittlerweile wird die eigene Erfahrung, z. B. zur Anbauplanung weitergegeben.

Solidarische Gemüsekooperative Rote Beete

Der Betrieb besteht seit 2012 und wurde als Solidarische Landwirtschaft gegründet. Einen hohen Stellenwert haben das ökologische, basisdemokratische und solidarisch-gemeinschaftliche Selbstverständnis.

Der Betrieb bewirtschaftet aktuell 5 ha und betreibt reinen Gemüsebau. Es werden 6 Personen beschäftigt (5 × 30 Std. plus 1 × 10 Std.). Die Produkte werden komplett an die Mitglieder verteilt. Aktuell werden 186 Ernteanteile verteilt. Dies entspricht ca. 410 Personen. Das Jahresbudget liegt 2017 bei 162.000 € und wird in einer gemeinsamen Bieterrunde durch die Mitglieder aufgebracht.

Die Initiative zur Betriebsgründung erfolgte durch die Gärtner*innen. Die Gebäude des Hofes wurden durch einen gemeinnützigen Verein erworben. Das Land ist Eigentum des Betriebes. Die Betriebsgründung erfolgte als selbständiges Einzelunternehmen mit angestellten Mitarbeiter*innen. Aktuell wird der Betrieb in eine Genossenschaft umgewandelt mit dem Ziel einer basisdemokratischen Struktur und Eigentümerschaft durch alle Mitglieder und Gärtner*innen. Die Gründung und Abstimmung der Entscheidungsprinzipien war das Ergebnis eines längeren Such- und Diskussionsprozesses.

Die Erfahrungen mit der Rechtsform Einzelunternehmen waren im Großen und Ganzen in Ordnung. Problematisch waren die ungleiche Verteilung von Haftung, Verantwortung und Risiko. Vorteilhaft waren die geringen Kosten und die einfache, unproblematische Gründung. Die Gründung der Genossenschaft war aufwendig, langwierig und kostspielig, ermöglicht jedoch den Betrieb auf eine breite Basis und Beteiligung zu stellen. Der Betrieb optiert zur Regelbesteuerung. Die Erfahrungen mit einem Steuerberater vor Ort sind sehr gut. Die Genossenschaftseinlage für jedes Mitglied beträgt 50 €. Zusätzliche freiwillige Einlagen und Direktkredite sind möglich.

Die Gremien der Genossenschaft sind der dreiköpfige Vorstand und der dreiköpfige Aufsichtsrat. Eine große Bedeutung haben jedoch das basisdemokratische Prinzip und die Entscheidungen im Konsens. Der Vorstand ist an die Entscheidungen der Mitgliederversammlung gebunden. Diese trifft sich alle sechs Wochen in einem Coop-Café, dem entscheidungshöchsten Gremium. Die enge Verbundenheit mit dem gemeinschaftlichen Hofeigentümer/Träger und weiteren Nutzer*innen hat eine große Bedeutung für den Betrieb, ist jedoch mit vielen Aushandlungsprozessen verbunden. Die enge Verbindung der Hofgemeinschaft und des Betriebes zur Prosumentengemeinschaft hat den Erwerb des Hofes und den Aufbau des Betriebes über Direktkredite ermöglicht.

Bei der Gründung wurde auf die Beratung durch das Netzwerk und interkollegiale Beratung sowie persönliche Kontakte zurückgegriffen. Die Frage, welche Rechtsform die basisdemokratische Struktur am besten ermöglicht, war für alle Beteiligten ein großes Thema.

Die betriebliche und wirtschaftliche Situation hat sich seit der Gründung stetig verbessert. Das Budget ist gewachsen und der anfängliche Verzicht auf Lohnzahlung gehört der Vergangenheit an. Mittlerweile können Löhne oberhalb des Mindestlohns gezahlt werden. Die wirtschaftliche Basis wird als solide bezeichnet. Das Jahresbudget soll vorerst nicht weiter erhöht werden.

Als beeindruckend wird die große Unterstützung und Hilfe von Seiten der Mitglieder bezeichnet. Auch der Rückhalt in der Gruppe und die tatsächliche Risikoteilung, z. B. bei einem Ernteausfall im vergangenen Jahr, werden als sehr zufriedenstellend wahrgenommen. Dadurch wird die Logik von Konsumenten und Produzenten über den Haufen geschmissen. Mitglieder engagieren sich sehr stark, z. B. in der Webseitengestaltung oder der Herbsterntebewältigung. Das gibt das Gefühl, wirklich in einem Boot zu sitzen.

Die größten Herausforderungen liegen aktuell in der Umstellung und dem Wechsel der Rechtsform. Damit ist viel Arbeit verbunden und neues Wissen notwendig. Viel Arbeit macht auch das partizipative Modell. Eine Herausforderung ist auch, dass das Modell Solawi mittlerweile vom Bauernverband und anderen aufgenommen und verwässert wird. Dadurch wird das gesellschaftliche Veränderungspotential nicht mehr genutzt.

»Notwendig ist es, alles lebendig zu halten und sich zu ermutigen, das Potential zur gesellschaftlichen Veränderung zu nutzen.«

Organigramm Rote Beete

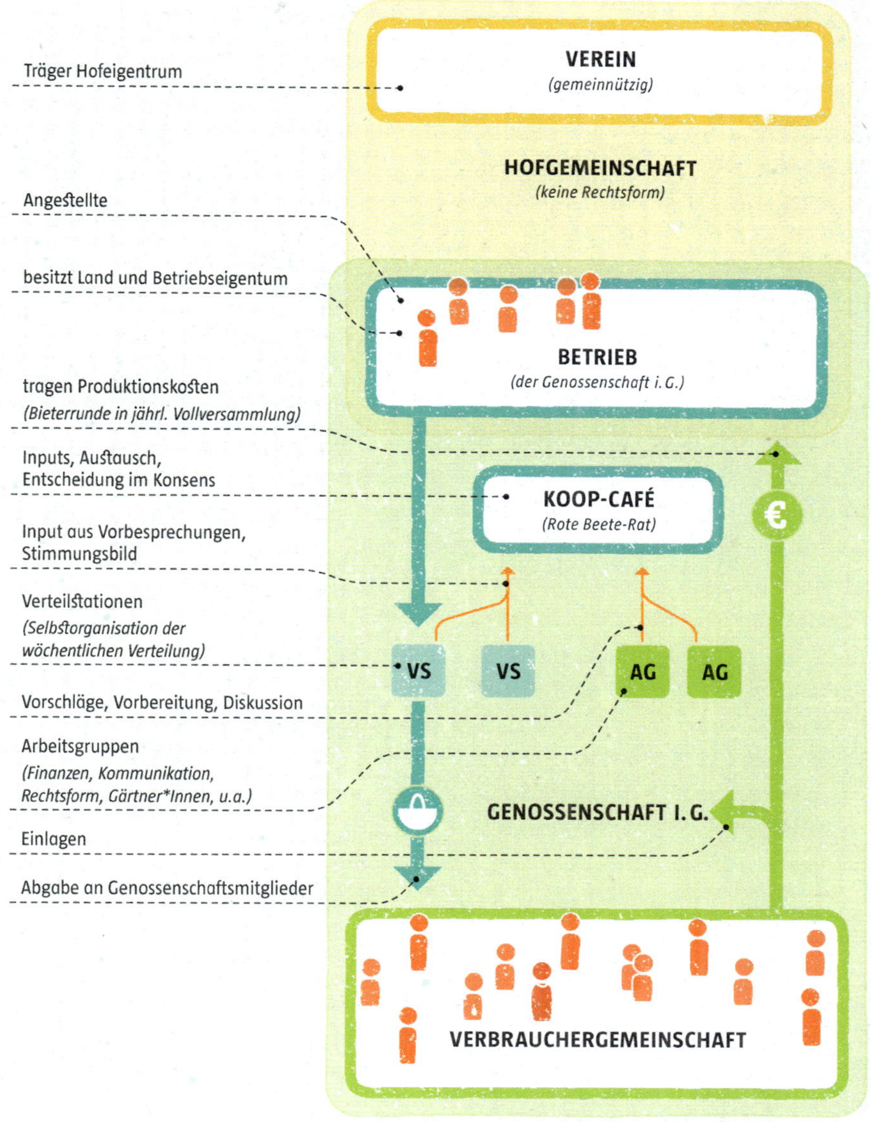

Buschberghof

Der Buschberghof ist die älteste Solidarische Landwirtschaft in Deutschland. Der Betrieb betreibt seit 1954 biologisch-dynamische Landwirtschaft. 1968 erfolgte die Schenkung an die gemeinnützige Landbauforschungsgesellschaft mbH (Träger). Ihr gehört Hof, Land und Inventar, die von einer Betriebsgemeinschaft (GbR) genutzt werden. Solidarische Landwirtschaft (»Wirtschaftsgemeinschaft«) wird seit 1988 in der jetzigen Form betrieben. Die Betriebsfläche umfasst 101 ha, davon landwirtschaftliche Nutzfläche 86 ha, mit 50 ha Acker (davon 5 ha Gemüse), 36 ha Dauergrünland und 6,7 ha Wald. Gehalten werden 30 Milchkühe mit Nachzucht, 3 Sauen, 1 Eber, 45 Mastschweine, 10 Milchschafe, 200 Hühner, Enten und Gänse. Zum Betrieb gehören eine Meierei und eine Bäckerei. Der Betrieb beschäftigt 12 Vollzeitarbeitskräfte und versorgt 93 Haushalte mit 313 Menschen. 95 % der Produkte werden an die Mitglieder verteilt. Das von den Mitgliedern aufzubringende Jahresbudget liegt bei 400.000 €.

Die Verbrauchergemeinschaft ist ein nicht-rechtsfähiger Verein. Die Zusammenarbeit in der Praxis basiert vor allem auf Freiwilligkeit und Vertrauen statt auf vertraglichen Verpflichtungen. Die Verbraucher tragen die Kosten des landwirtschaftlichen Betriebes. Geld wird als Schenkung betrachtet. Daraus leiten sich keine Rechte auf den Bezug einer Menge von Nahrungsmitteln ab. Formal entscheidet der Eigentümer (Träger) über Investitionen, Neubauten, etc. Formell hat die Wirtschaftsgemeinschaft kein Mitspracherecht. In der Praxis entscheiden aber die Landwirte (Bewirtschafter). Die vertragliche Grundlage zwischen Träger und Bewirtschafter besteht darin, dass der Bewirtschafter (GbR) dem Träger die Kosten, die mit dem Betrieb verbunden sind erstattet. Die Kosten werden auf die Verbraucher umgelegt und letztendlich von diesen getragen. Kosten müssen den Verbrauchern gegenüber transparent gemacht und von diesen akzeptiert werden. De facto treffen sich die Gesellschafter der gGmbH einmal im Jahr, nicken Entscheidungen ab und gehen auseinander. Die Satzung legt die Unveräußerlichkeit des Betriebes fest.

Steuerlich pauschaliert die GbR. Die Wirtschaftsgemeinschaft (nicht-rechtsfähiger Verein) macht keine Steuererklärung. In deren Satzung steht, dass keine Gewinnerzielungsabsicht besteht. Steuerliche Aspekte waren für die Wahl der Rechtsform tendenziell unwichtig. Im Falle von kapitalintensiveren Investitionen wäre eine finanzielle Beteiligung der Mitglieder evtl. wünschenswert. Eine rechtliche Form müsste dies möglich machen und dann gefunden werden. Der

Organigramm Buschberghof

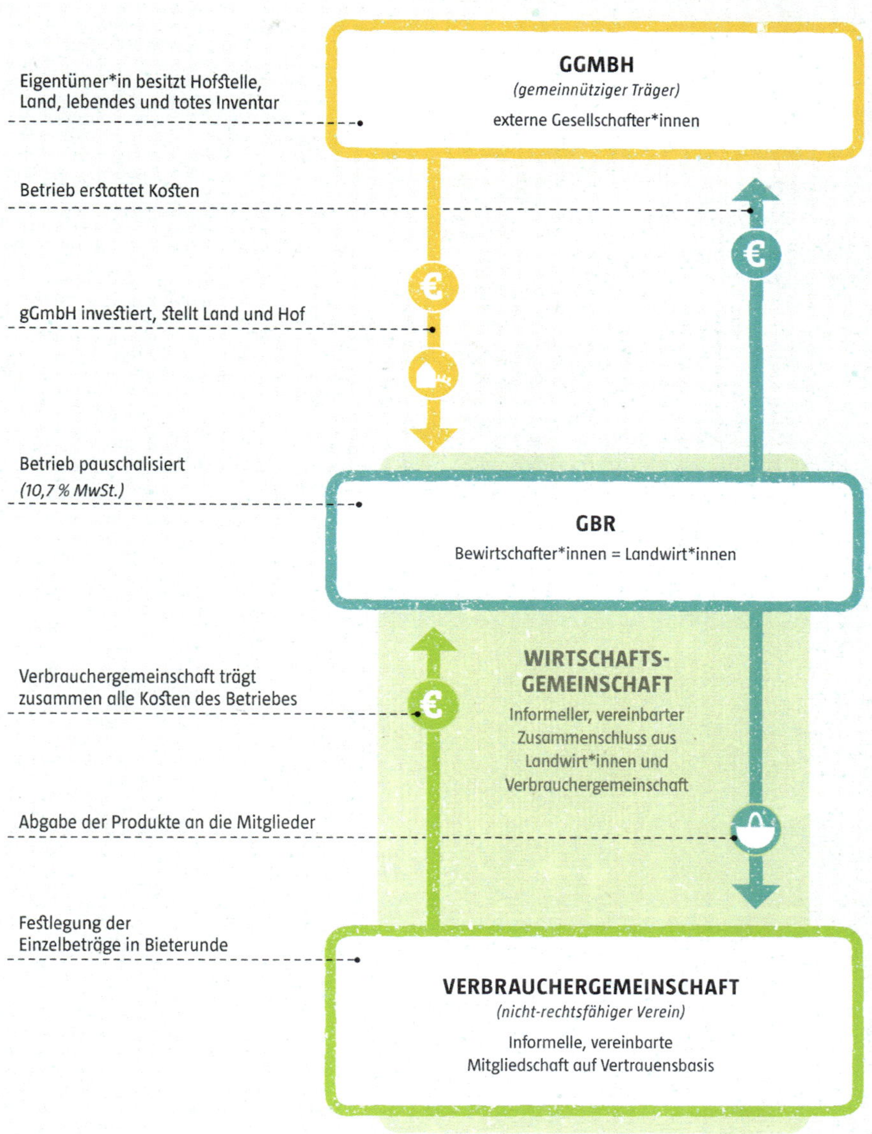

Kauf von Boden oder auch eines Hofes ist auch relevantes Thema in anderen Betrieben. Dies würde eine rechtliche Möglichkeit zur Finanzierung erfordern.

Die Entscheidungen bei grundsätzlichen Fragen werden mit der Mitgliedergemeinschaft besprochen, sachliche Fragen durch beteiligte Fachleute (Landwirte) entschieden.

Als sehr wichtig wurde betont, dass die Menschen ihren Willen artikulieren zusammen zu arbeiten! Die Wahl der konkreten Rechtsform wird deshalb als zweitrangig betrachtet. In der Gestaltung der Entscheidungs- und Organisationsstrukturen den Schwerpunkt auf die Rechtsform zu legen, wird nach eigenen Erfahrungen als hinderlich betrachtet. Darunter kann der Wille zur Zusammenarbeit leiden. Im Zentrum der Gestaltung sollten deshalb die Menschen und ihre gemeinsamen Ziele stehen.

*»Freiwilligkeit ist entscheidend
für den Bestand einer Gemeinschaft,
denn die Menschen neigen dazu, sich
Verpflichtungen zu entziehen.«*

Wilhelm-Ernst Barkhoff

SpeiseGut

Der Betrieb besteht seit 2013 und betreibt seit seiner Gründung Solidarische Landwirtschaft. Der Betrieb ist ein erweiterter Gemüsebaubetrieb. Der Betriebsaufbau erfolgte mit sehr geringen Mitteln und sehr geringen Investitionen. Es werden 10 ha bewirtschaftet (inklusive 50 Obstbäumen und 3 ha Acker) mit der perspektivischen Erweiterung mit Tieren (Zweinutzungshuhn, Bienen, Schafe). Ein Folientunnel wurde angeschafft. Es werden insgesamt ca. 4-5 Vollzeitarbeitskräfte beschäftigt (Betriebsleiter plus 1 Landwirt, 2 FÖJ, 1 Ausfahrer auf 450 €-Basis, 1 Azubi). Die Solawi hat aktuell 181 Ernteanteile, von diesen sind 40 halbe Ernteanteile (angestrebt sind jedoch 250 bis 300). Nach wie vor ist die finanzielle Situation nicht befriedigend. Die Auszahlung eines angemessenen eigenen Gehaltes ist nicht gewährleistet. Mitarbeiterlöhne mussten gekürzt werden, liegen jedoch trotzdem über dem Mindestlohnniveau. Angestrebt sind deshalb 40 weitere Ernteanteile. Ab 200 Ernteanteilen wäre die finanzielle Situation ausgewogen. Das Jahresbudget 2015/2016 lag bei 160.000 €.

Eine zweigleisige Vermarktung ist dem Betrieb wichtig, um Entscheidungsfreiheit, Unabhängigkeit, finanzielle Sicherheit und die Möglichkeit zur Betriebsentwicklung zu bewahren. 80 % der Produkte gehen in die Solidarische Landwirtschaft. Daneben findet Einzelprodukt- und Direktvermarktung ab Hof sowie auf Wochenmärkten, teilweise in Betriebskooperation (Eier und Wurst) statt. Der Betrieb ist ein Einzelunternehmen mit angestellten Arbeitskräften. Die Saftherstellung und Produktion von Pflanzenöl (Sonnenblumenöl, Rapsöl, Bratöl) erfolgt ebenfalls als Einzelunternehmer. Die Mitgliedschaft in der Solawi ist über Teilnehmerverträge geregelt und für ein Jahr festgelegt. Mitgliedsbeiträge werden monatlich gezahlt. Aus Liquiditätsgründen wäre eine jährliche oder vierteljährliche Vorauszahlung wünschenswert. Es bestehen folgende Wahlmöglichkeiten für Ernteanteile: Förderbeitrag (80 €), große Kiste (70 €), kleine Kiste (40 €). Ein Solibeitrag ist möglich, wenn sich aus der Verbrauchergemeinschaft ein Träger findet. Es besteht die Möglichkeit für verschiedene Zusatz-Abos. Deren Produkte kommen aus der Kooperation mit lokalen Kleinerzeugern (Großes/kleines Wurstpaket (Familienbetrieb, Schäfer, Jäger), Eier sowie Öl aus eigener Pressung).

Die Betriebsflächen gehören dem Land Berlin und werden durch den Landschaftspflegeverband (e. V.) verpachtet. Mit diesem besteht eine sehr gute Kooperation. Für die Öffentlichkeitsarbeit und andere Zwecke (Saatgut) ist zusätzlich die Gründung eines Vereins geplant. Die bisherigen Erfahrungen mit der Rechtsform sind sehr gut.

Gründe für die Wahl eines Einzelunternehmens waren die eigene Entscheidungsfreiheit und Unabhängigkeit und die Vermeidung von Blockaden durch viele Entscheidungsträger. Dies hat sich gerade bei schwierigen betriebswirtschaftlichen Entscheidungen als richtige Entscheidung herausgestellt. Trotzdem werden allgemeine Fragen in der Vollversammlung transparent gemacht und geklärt. Steuerliche Aspekte waren bei der Wahl der Rechtsform zweitrangig. Wichtig ist dem Betrieb, eine subventionslose Landwirtschaft zu betreiben. Aus diesem Grund werden kein Agrarantrag gestellt und keine Subventionen empfangen. Die finanzielle Beteiligung der Mitglieder an den Produktionskosten ist sehr wichtig. Eine Betriebsbeteiligung ist aus Gründen der Unabhängigkeit und Eigenständigkeit nicht gewollt. Steuerlich pauschaliert der Betrieb.

Bei der Gründung wurde teilweise Beratung des Netzwerks Solidarische Landwirtschaft in Anspruch genommen und der Erfahrungsaustausch mit anderen Betrieben gesucht. Es besteht weiterer Beratungsbedarf in Fragen der Öffentlichkeitsarbeit und der Mitgliederwerbung und auch zu konkreten steuerlichen Problemen, z. B. im Umgang mit Verarbeitung, Konservierungs- und Lagerungsprodukten. Mitglieder übernehmen eine wichtige Multiplikationsfunktion in der Öffentlichkeitsarbeit. Der Erfahrungsaustausch mit anderen Betrieben ist eine wichtige Informationsquelle. Das Netzwerk übernimmt eine wichtige Funktion für diesen Austausch.

Die generelle Erfahrung mit solidarischer Landwirtschaft ist sehr gut. Es wird betont, dass dadurch die Gründung des Betriebes überhaupt erst möglich war.

Organigramm Speisegut

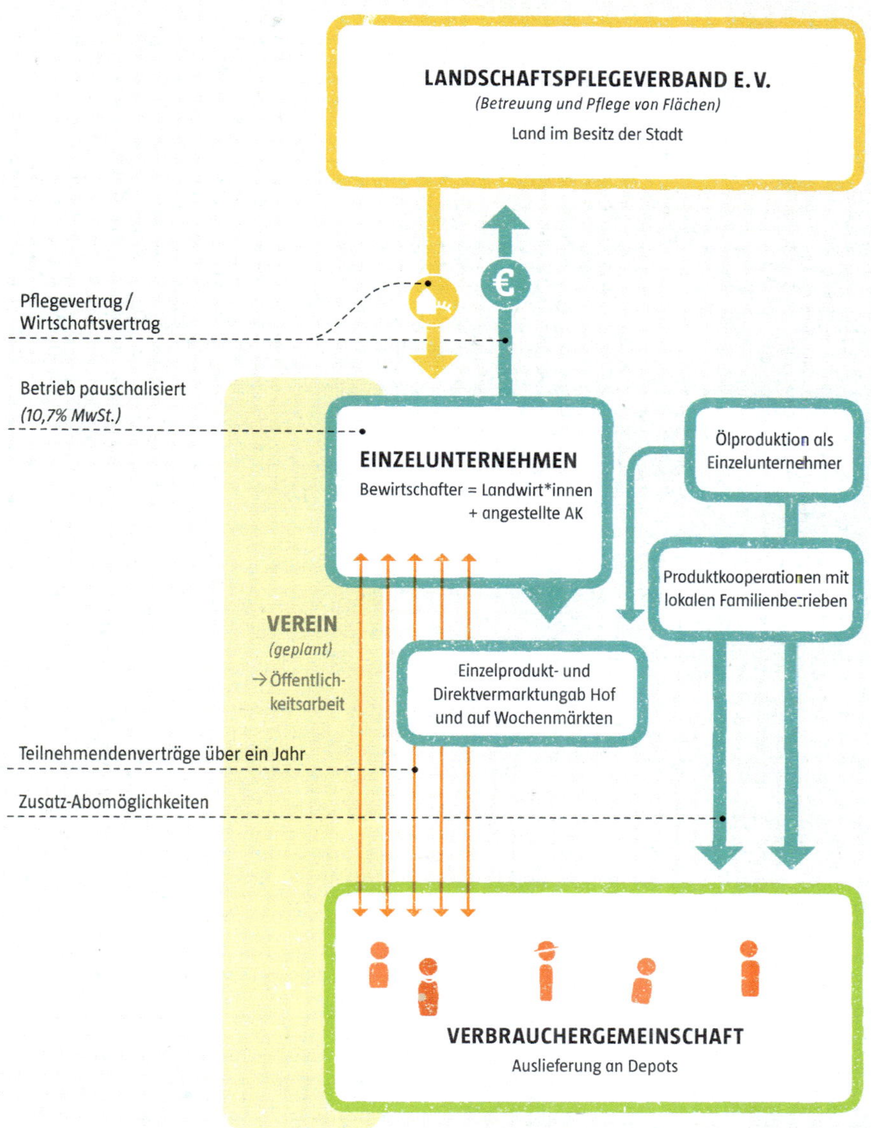

Gärtnerhof Entrup 119 eG

Die Hofstelle des heutigen Gärtnerhofs Entrup 119 wurde 1999 mit 12 ha umliegender Fläche (davon 3 ha Wald) mit Hilfe vieler privater Spenden und Darlehen von der gemeinnützigen »Initiative Entrup 119 e. V.« käuflich erworben, um hier biologisch-dynamischen Landbau weiterhin dauerhaft betreiben zu können. Die landwirtschaftliche Nutzfläche beträgt heute (2013) durch Zupachtung ca. 30 ha, davon 21 ha Grünland, 6 ha Ackerland und 3 ha Wald. Der Schwerpunkt liegt im Gemüseanbau und in der Schafhaltung.

Bereits seit 1987 wurde die Hofstelle von der Gärtnerhofgemeinschaft »drunter & drüber GbR« ökologisch bewirtschaftet. 1991 schloss sie sich dem DEMETER-Verband und seinen Bewirtschaftungsrichtlinien an. 2006 gründete die »Initiative Entrup 119« die Genossenschaft »Gärtnerhof Entrup eG«, die mit ihrem Hof-Team ab 2007 weiterhin die biologisch-dynamische Bewirtschaftung des Hofes übernahm. Als Projekt der »Initiative« wurde schließlich 2008 die CSA-Landwirtschaftsgemeinschaft ins Leben gerufen.

Die Mitglieder der CSA-Landwirtschaftsgemeinschaft (Verbrauchergemeinschaft) finanzieren mit monatlichen Beiträgen die Landwirtschaft, so dass sich die Bauern auf dem Hof (das Hof-Team) ganz auf ihre eigentliche Arbeit, den biologisch-dynamischen Landbau, konzentrieren können. Auf diese Weise wird die Verantwortung für die Landwirtschaft von allen gemeinsam getragen. Die Verbrauchergemeinschaft besitzt keine eigene Rechtsform. Zu Beginn eines neuen Wirtschaftsjahres kann man sich für eine Jahresmitgliedschaft entscheiden und bei Bedarf vorher eine Probezeit nutzen. Formal wird ein Vertrag zwischen CSA-Mitglied und der Genossenschaft geschlossen. Die Beitragshöhe ist selbstbestimmt. Als Richtsatz gilt ein Beitrag von 145 € für eine Abnahmeeinheit. Etwa 50 % des Umsatzes wird von der CSA-Gemeinschaft erbracht, die andere Hälfte durch Hofladen und Märkte. Im Wirtschaftsjahr 2015/16 betrug der Gesamtumsatz des Betriebes gut 400.000 €.

Der Verein »Initiative Entrup 119 e. V.« besteht aus den Vereinsmitgliedern, die aus ihrer Mitte den Trägerkreis wählen, einschließlich drei Sprechern als Vorstand. Die Mitglieder des Vereins müssen nicht Mitglieder der Genossenschaft oder der CSA-Gemeinschaft sein. Als Besitzer der Hofstelle obliegt es der Initiative für die finanzielle Sicherung und den Erhalt des Hofes zu sorgen (auch Einwerbung von Spenden). Ferner ist sie, gemäß ihrer Satzung, nicht nur der Förderung und Pflege des biologisch-dynamischen Landbaus, sondern auch ihren vielfältigen Bildungsaufgaben in Gesellschaft, Umwelt- und Naturschutz verpflichtet.

Organigramm Gärtnerhof Entrup 119 eG

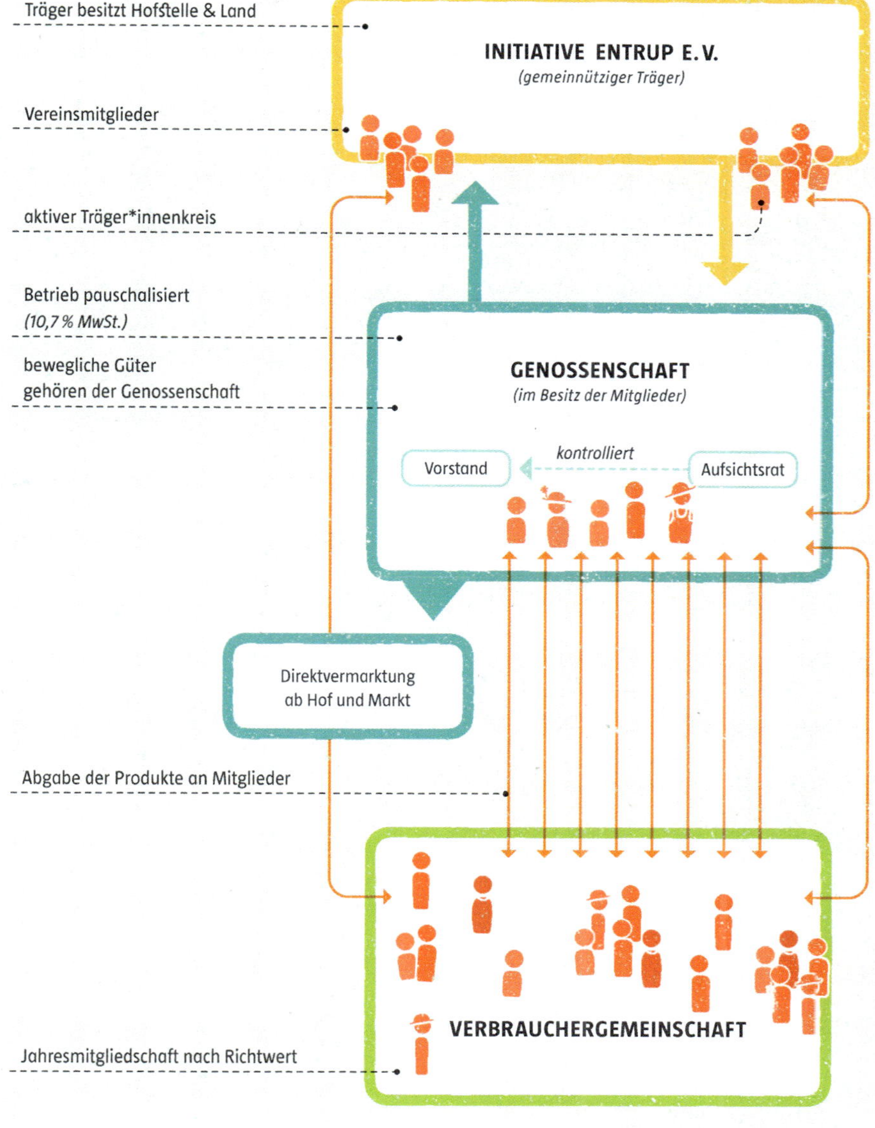

Die Genossenschaft besteht aus Vorstand als operativem Organ (zwei Vorstände), Hof-Team, einem dreiköpfigen Aufsichtsrat sowie den Menschen mit gezeichneten Genossenschaftsanteilen. Diese müssen nicht zwingend CSA-Mitglied oder Mitglied im Verein sein. Die Genossenschaft beschäftigt derzeit vier Vollzeit- und fünf Teilzeitkräfte, zwei Auszubildende sowie zwei FÖJler und zwei Praktikanten. Sie versteht sich als eine nach außen offene und auf viele Teilnehmer ausgerichtete Gesellschaft, die in gemeinsamer Verantwortung, jetzt mit dem CSA-Projekt einer gemeinsam getragenen Landwirtschaft, den Hof als Landwirtschaftsort, Bildungsort und Sozialprojekt erhalten und weiter ausbauen möchte.

In Absprache mit dem Trägerkreis, der in der Regel einmal im Monat tagt und für Interessenten offen ist, und/oder mit der Genossenschaft, können Arbeitsgemeinschaften (AGs) für verschiedene Aufgaben gebildet werden, in denen die CSA-Mitglieder selbst auf dem Hof in verschiedenen Bereichen aktiv tätig werden können nd auch sollen. Mitglieder der CSA-Gemeinschaft müssen nicht Vereins- oder Genossenschaftsmitglieder sein. Perspektivisch ist jedoch die stärkere Verknüpfung insbesondere von Genossenschaft und CSA-Gemeinschaft angedacht.

Kattendorfer Hof

Der Betrieb existiert seit 1995 und betreibt seit 1998 Solawi. Die Betriebsfläche bei Gründung betrug 135 ha, mittlerweile 255 ha. Dies war nicht geplant, die ökologische Bewirtschaftung von zusätzlichen Flächen wurde dem Betrieb aus der Region angetragen. Der Betrieb betreibt Milchviehhaltung, Rindermast, Schweinezucht und -mast, eine Hofkäserei, Fleischverarbeitung, Gemüsebau, Anbau von Brot- und Futtergetreide sowie Futterbau. Die Produkte werden zu 100 % direkt abgesetzt, davon 70 % über die Solawi. Der Betrieb beschäftigt 22 Fremdarbeitskräfte plus 5 selbständige Landwirte. In der Kattendorfer Hofladen GmbH & Co. KG arbeiten in 4 eigenen Hofläden inzwischen weitere 20 Mitarbeiter*innen. Die Solawi verteilt 500 Ernteanteile und versorgt damit ca. 1200 Personen. Das Jahresbudget der Solawi beträgt ca. 1.200.000 €. In den nächsten Jahren werden im Zuge der Altersnachfolge weitere jüngere Landwirt*innen eingeworben. Auch wird in 2018 die Betriebsfläche noch einmal nennenswert wachsen, da dem Betrieb weitere Flächen zur Bewirtschaftung angetragen wurden.

Bis 2012 wurde der Betrieb als GbR aus vier Personen geführt. Hof (Landwirtschaft) und Abgabe (Gewerbe) waren unterschiedliche GbR. 2012 erfolgte die Umwandlung in zwei GmbH & Co. KG. Sicherungsgeber (Komplementär) für Hof als auch Laden KG ist eine GmbH. Es gibt Kommanditisten für Hof und Laden in zwei unterschiedlichen GmbH & Co. KG. Schon 1997 erfolgte die Gründung einer Vermarktungs-GmbH um Fleisch verarbeitet abzugeben. Alle Verkäufe und Abgaben laufen über die Gewerbe-GmbH & Co. KG. Die Solawi ist eine »offene Bürgergesellschaft«, und besitzt keine Rechtsform.

Interessant ist die steuerliche Gestaltung: Der Landwirtschaftsbetrieb pauschaliert und gibt Produkte an den Gewerbebetrieb mit 10,7 % MwSt. ab. Der Gewerbebetrieb ist regelbesteuert und gibt Produkte mit 7 % MwSt. an Kunden und Mitglieder ab und kann dafür Vorsteuer geltend machen. Grund für die Wahl einer GmbH & Co. KG war der Wunsch, jungen Landwirten eine Möglichkeit für den Betriebseinstieg zu bieten und gleichzeitig das Risiko zu teilen. Dafür war die GbR weniger geeignet. Auch der Aspekt der Altersabsicherung war relevant, daher wurde eine begrenzte Haftung gewählt. Die KG bietet die Möglichkeit mit einer Einlage als Kommanditist in den Betrieb einzusteigen. Kommanditisten sind ebenfalls Bewirtschafter. Anfängliche Überlegungen in Richtung einer gGmbH, UG oder Genossenschaft wurden als unpraktikabel verworfen. Bevorzugt wurde eine Personengesellschaft, aber mit Haftungsbeschränkung. Eine gGmbH wäre nur schwer möglich gewesen.

Die Beratung erfolgte durch Privatpersonen, den Genossenschaftsverband und Information im Internet. Es wurden lange Gespräche geführt und Verträge ausgearbeitet. Ein Rechtsanwalt wurde mit einem Vertragsentwurf beauftragt. Dies war nicht billig, aber das Ergebnis sehr zufriedenstellend. Auch die Zufriedenheit mit der anfänglichen Entscheidung für eine GbR war gut. Sie unterstreicht die Ernsthaftigkeit und die Position gegenüber der Bank. Allerdings waren damit auch Konflikte verbunden, die bis an den Rand der Betriebsauflösung gingen.

Hof und Land gehören einer Stiftung und sind von dieser gepachtet. Das Inventar gehört den Bewirtschaftern. Das Budget wird mit den Mitgliedern abgestimmt. Hofentscheidungen werden durch die Landwirte gefällt. Die Depots verwalten sich selber und entscheiden auch über die Aufnahme von Mitgliedern.

Es besteht eine große Zufriedenheit mit der Entwicklung. Ohne Solawi gäbe es den Betrieb nach eigener Aussage schon lange nicht mehr. Solidarische Landwirtschaft wird als Möglichkeit gesehen, sich auf die eigene Arbeit und nicht die Vermarktung zu konzentrieren.

Organigramm Kattendorfer Hof

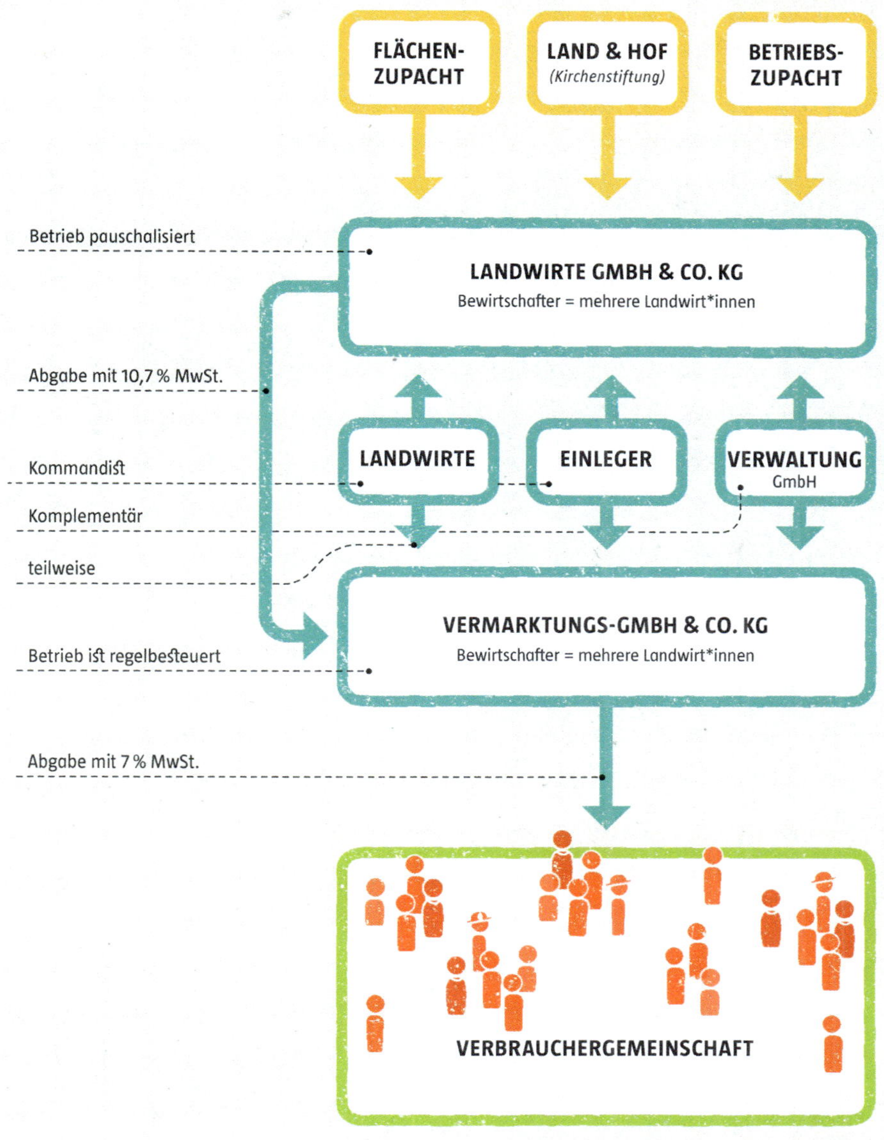

Weidenhof

Der Betrieb existiert seit 2012 und bewirtschaftet aktuell 55 ha. Davon gehören 12 ha Acker sowie 25 ha Grünland der Schweizer Stiftung Edith Maryon. Zwölf weitere Hektar Acker und sechs Hektar Grünland sind von einem privaten Verpächter dazu gepachtet. Weitere 20 ha Wald werden für den Eigenverbrauch an Holz genutzt. Der Betrieb betreibt Gemüsebau und Tierhaltung sowie Futterbau. Es werden eine Saler-Rinderherde (10 Muttertiere und Bulle plus Nachzucht), eine Schafherde (Moorschnucken, 30 Muttertiere und Nachzucht) und Hühner (Lehmann-Brown, Maran, Bresse-Huhn) gehalten (Umstellung auf eigene Brüterei und Haltung von Zweinutzungsrassen). Gemüsebau erfolgt auf 4,5 ha. Die Böden sind sehr arm (30 Bodenpunkte). Auf den Ackerflächen wird neben Kartoffelanbau in erster Linie Futterbau betrieben.

Die Initiative zur Solidarischen Landwirtschaft ist von der Landwirtschaftsbetriebsgemeinschaft ausgegangen. Es sind ca. 6 Voll-AK beschäftigt (3 Betriebseigentümer, 2 Gärtner und ein Lehrling). Eine halbe Stelle für die Betreuung der Hühner ist extern finanziert. 100 % der Produkte werden über die Solawi abgesetzt. 2016 wurden 180 Anteile vergeben. Für 2017 sind 200 Anteile geplant. Davon sind ca. 200 Gemüseanteile, 150 Anteile beziehen zusätzlich Eier und 130 zusätzlich Fleisch. Ein Anteil entspricht ca. 2 Personen. Die Mengen der Anteile sind variabel und richten sich nach dem Ertrag. Reine Gemüseanteile liegen aktuell bei 98 €, vegetarische Anteile (plus Eier) bei 103 € und Komplett-Anteile (inkl. Fleisch) bei 133 €. Von der anfänglichen Bieterrunde wurde auf Initiative der Verbrauchergemeinschaft Abstand genommen, da Konflikte aufgetreten sind. Die festen Beiträge enthalten nun einen Solibeitrag von 2 €. Ein reduzierter Beitrag ist auf Anfrage möglich, wird aber nur wenig in Anspruch genommen.

Das Jahresbudget liegt bei 290.000 €. Der Betrieb ist als GbR organisiert und alle Mitglieder der Betriebsgemeinschaft sind gleichberechtigt. Die GbR wurde aufgrund der einfachen Umsetzung gewählt. Selbst das Ausscheiden von drei der ursprünglich fünf Mitglieder vor einem Jahr konnte einvernehmlich gestaltet werden. Diese wurden ausgezahlt. Ein neues Mitglied wurde aufgenommen. Der Betrieb optiert zur Regelbesteuerung. Mitglieder der Verbrauchergemeinschaft sind an der Eigentumsstruktur des Betriebs nicht beteiligt, jedoch über Privatdarlehen an der Finanzierung von Einzelinvestitionen (z. B. Maschinenkauf).

Das Eigentum am Hof und Land liegt beim Träger (Stiftung Edith Maryon). Dies hat sich als sehr vorteilhaft erwiesen. Die Stiftung hat den Betrieb 2009 vom Vorbesitzer erworben. Ziel war der Erhalt des Betriebes und die Sicherstellung einer

Organigramm Weidenhof

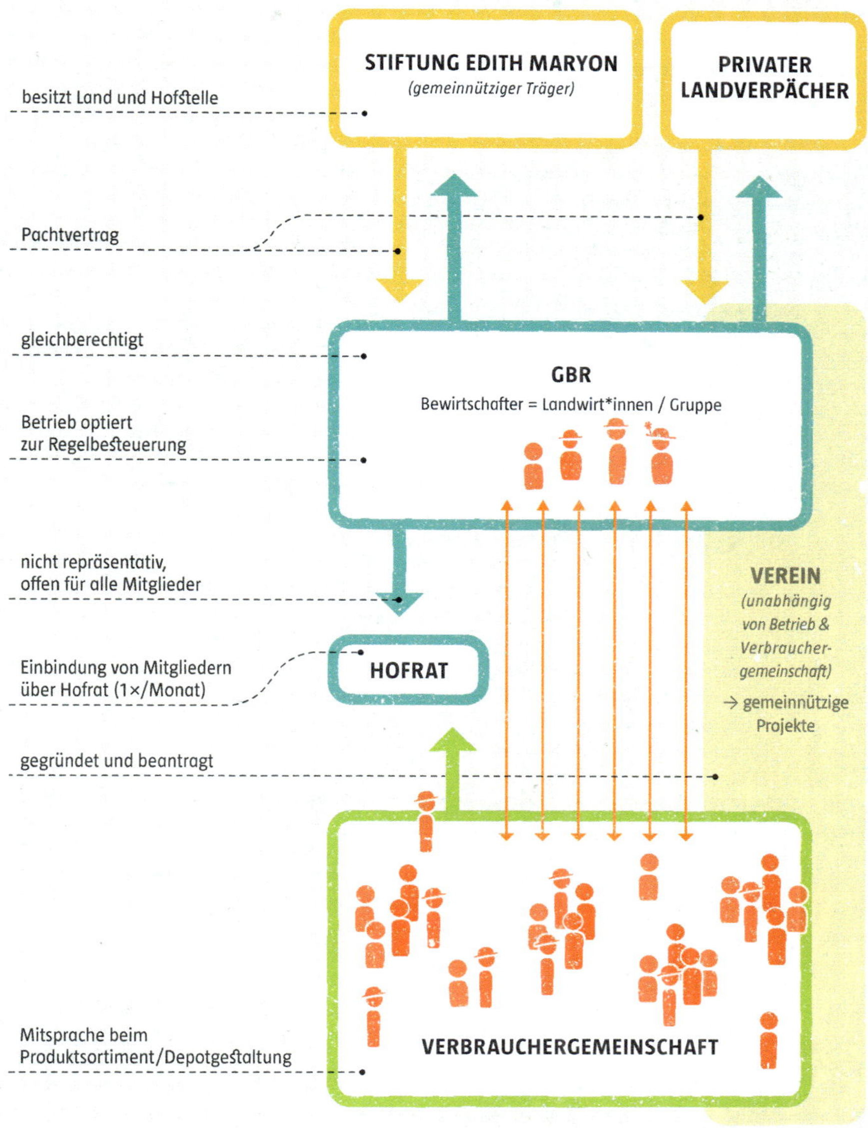

aktiven ökologischen bzw. biologisch-dynamischen Bewirtschaftung. Investitionen in Erhalt und Sanierung der Gebäude sind eine zentrale Herausforderung. Dafür waren Regelungen zwischen Eigentümer (Stiftung) und Bewirtschafter (Betriebsgemeinschaft) sehr wichtig. Investitionen seitens der Betriebsgemeinschaft werden durch Auszahlungen bei Rückgabe des Hofes entschädigt; Investitionen durch den Eigentümer werden auf die Pacht umgelegt. In beiden Fällen werden die langfristigen Kosten durch die Verbraucher getragen. Unabhängig von Betrieb und Verbrauchergemeinschaft existiert ein gemeinnütziger Verein für begleitende Bildungsprojekte.

Die Beratung bei der Gründung erfolgte durch einen Steuer- und einen Unternehmensberater für ökologischen Landbau, durch das Netzwerk und weitere Betriebe. Persönliche Erfahrung und Kontakte sowie Informationssuche im Internet waren ebenfalls wichtig. Eine landwirtschaftliche Steuerberatungsgesellschaft hat den Betrieb sehr gut, auch beim Ausstieg von Mitgliedern der Betriebsgemeinschaft, und erfolgreich begleitet.

Die Mitglieder der Verbrauchergemeinschaft sind weniger an Entscheidungen interessiert. Ein Hofrat wurde seitens der Landwirte initiiert um Verbraucher*innen mehr in Entscheidungen einzubeziehen. Betriebliche Entscheidungen werden von der Betriebsgemeinschaft entschieden. Andere Entwicklungen (z. B. Gründung eines Vereins, Hühnerhaltung) wurden von der Verbrauchergemeinschaft angestoßen. Am Jahresende findet eine ausführliche Evaluierung (Bewertung von Depots, Verteilung, etc.) mit einem guten Rücklauf von 75 % statt. Die meisten Depots werden von Betriebsseite aus organisiert, einige auch von Verbraucherseite.

Seit der Betriebsgründung hat sich die wirtschaftliche Situation sehr gut entwickelt. Angefangen bei null in 2012 hat sich das Betriebsbudget auf 290.000 € in 2016 entwickelt. Darlehen können bezahlt werden. Laut Budgetplanung können aktuell Löhne und Lohnäquivalente von ca. 1.000 € netto pro Arbeitskraft gezahlt werden. Die Löhne sollten nach eigener Aussage noch steigen.

Als besonders positiv werden das enge Verhältnis zu den Mitgliedern und der Verzicht auf Handelsstrukturen beschrieben. Es ist nicht notwendig, sich aus finanzieller Sicht Gedanken über Produktpreise zu machen. Sehr zufriedenstellend ist auch die Vielfalt der Kulturen und der Tierhaltung, auch dass es keinen Verpackungsmüll und stattdessen kurze Wege gibt.

Die größten Herausforderungen sind der nach wie vor anstehende Betriebsaufbau, die Sanierung und der Neubau von Gebäuden und die Regelung mit dem Träger/der Stiftung. Der Aufbau der Bodenfruchtbarkeit ist ebenfalls eine zentrale Aufgabe. Als besonders wichtig wird benannt, die Arbeit zu reduzieren. Dafür ist eine bessere Mechanisierung notwendig.

Markushofgemeinschaft

Der Betrieb ist ein alter Familienbetrieb und wurde 1997 vom Vater an den Sohn übergeben und bewirtschaftet ca. 45 ha. Er betreibt seit Oktober 2011 Solawi. Produktionsrichtungen sind Getreidebau (Dinkel, Weizen, Roggen), Milchwirtschaft, Obstbau und durch die Solawi auch wieder Gemüsebau. Getreide wird an eine Mühle und Bäckerei geliefert, Brot geht an die Solawi zurück. Der Betrieb beschäftigt drei Vollzeitstellen, zwei davon wurden durch die Solawi neu geschaffen. 80 % der Produkte gehen an die Markushofgemeinschaft mit 160 Mitgliedern. Der Betrieb ist Biolandbetrieb. Die Initiative ging von der Solawi Rhein-Neckar aus, diese hat einen Betrieb gesucht und ist auf den Markushof zugegangen. Zum Hof gehört auch ein Hofladen über den die zusätzlichen Produkte an die Verbrauchergemeinschaft und an die Öffentlichkeit gehen.

Der Hof und die Hälfte des Landes ist Familienbesitz, die andere Hälfte der Fläche ist langfristig gepachtet. Der Landwirt ist Einzelunternehmer (Eigentümer und Bewirtschafter) und beschäftigt zwei angestellte Arbeitskräfte. Die Markushofgemeinschaft (Solawi) ist ein nicht eingetragener Verein. Ein nicht gemeinnütziger aber eingetragener Verein (Solawi Rhein Neckar e. V.) wurde für den Einzug der Mitgliedsbeiträge gegründet.

Steuerliche Aspekte waren für die Wahl der Rechtsformen nachrangig. Andere Aspekte waren wichtiger. Der Verein erfüllt in erster Linie die Funktion, als Rechtsform ein Konto zu führen. Grundlage der Zusammenarbeit ist eine Vereinbarung von Grundsätzen auf Vertrauensbasis und eine Satzung. Mitglieder unterschreiben diese Vereinbarung und eine Einzugsermächtigung. Die Verbraucher Markushofgemeinschaft organisiert sich in verschiedenen Arbeitsgemeinschaften (z. B. Finanz-AG, Käserei-AG, Gemüse-AG und Visions-AG). In diesen werden Entwicklungen geplant und Diskussionen vorbereitet.

Die Frage der Struktur wird weiter diskutiert und ist noch nicht abgeschlossen. Für eine Auswertung der Erfahrungen ist es noch zu früh. Die Vereinslösung wird aber positiv gesehen. Wichtig sind die aktiven Arbeitsgruppen und Gemeinschaftsversammlungen. Die Beteiligung der Mitglieder am Eigenkapital ist bislang unwichtig. Investitionen (für einen neuen Schlepper) wurden aber über private Kreditverträge aus der Gemeinschaft geleistet. Die gemeinsamen Entscheidungen zwischen Mitgliedern und Landwirt sind sehr wichtig, hängen aber von den Entscheidungsbereichen ab. Landwirte besitzen die Fachkompetenz und entscheiden über fachliche Fragen. Grundsätzliche Fragen werden in der Gemeinschaft diskutiert.

Die Beratung und der Erfahrungsaustausch im Netzwerk waren in der Gründungsphase sehr wichtig. Wichtig war die praktische Motivation, Begleitung und Ermutigung zur Praxis. Eine fachliche Beratung zu Vor- und Nachteilen von Rechtsformen auf der Basis von Erfahrungen wäre sehr gut gewesen. Es besteht aktuell Beratungsbedarf zu Fragen von Sozialformen auf dem Hof und in Bezug auf die Entwicklung einer hofeigenen Käserei. Es besteht weiterhin ein großes Interesse zum Erfahrungsaustausch mit anderen Solawi in praktischen Fragen.

Die Zufriedenheit mit Solawi ist gut. Die wirtschaftliche Situation des Betriebes hat sich dadurch verbessert, ist aber tendenziell auch mit mehr Aufwand verbunden. Es wurden zwei neue Stellen geschaffen. Das machte eine Beitragserhöhung notwendig. Eine gute Erfahrung ist der Direktkontakt zum Hof und zur Gemeinschaft und die gute Versorgung mit Nahrungsmitteln.

Organigramm Markushofgemeinschaft

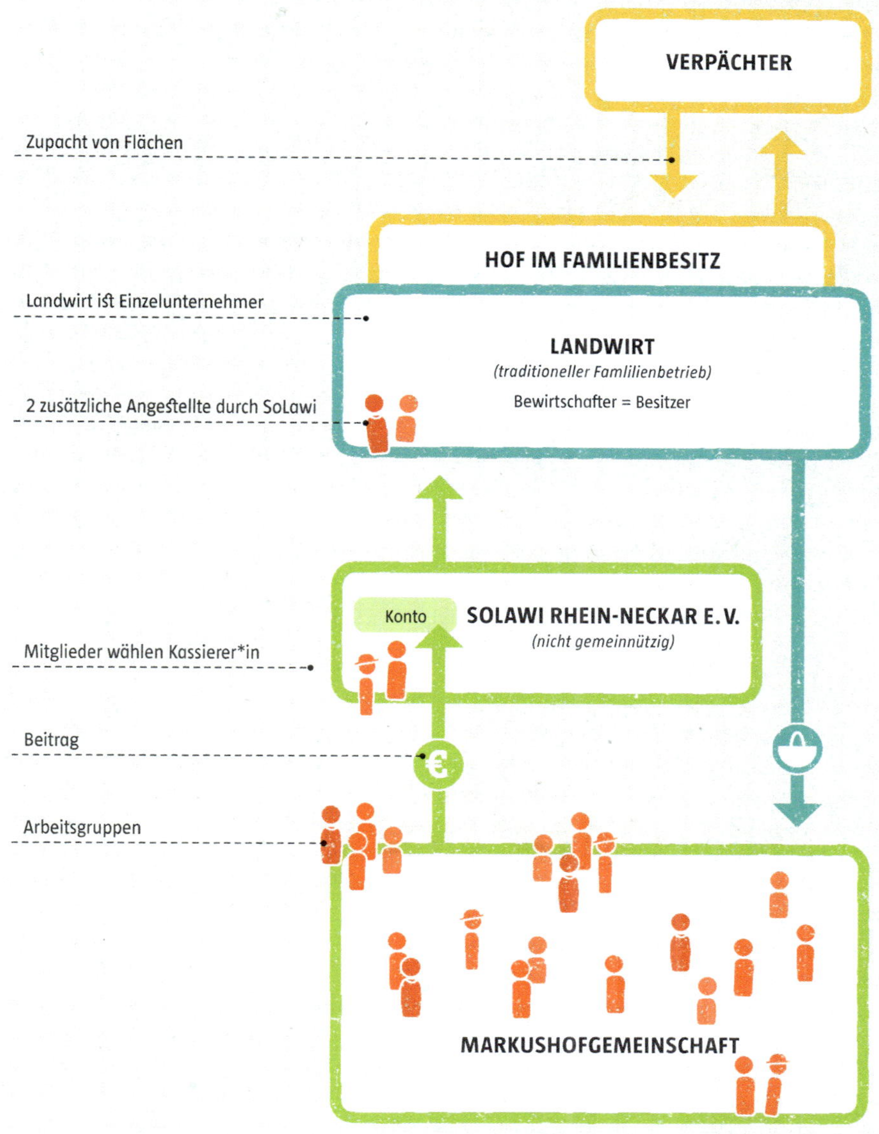

Bunte Kuh UG & Co. KG

Der Hof existiert seit fast 200 Jahren, er wurde von den jetzigen Besitzern 2007 erworben. 2012 konnten die ursprünglich zum Hof gehörenden 20 ha Acker, Weide und Wald zurückgekauft werden. Seitdem wird Solidarische Landwirtschaft betrieben. Die Initiative zur Solawi ist als Betriebsinitiative in enger Zusammenarbeit mit Verbraucher*innen entstanden. Der Betrieb im Aufbau betreibt vorwiegend Gemüse- und Ackerbau, und hält Geflügel, Schweine, Rinder, Pferde und Schafe. Neben der Geschäftsführerin beschäftigt der Betrieb momentan 2 angestellte Arbeitskräfte, 4 BuFDis, drei FÖJler*innen und eine Auszubildende in freier Ausbildung. Zusätzlich arbeiten immer wieder freiwillige Helfer, wie z. B. WWOOFer*innen auf dem Hof mit. Aktuell werden ca. 60 Menschen mit Gemüse und Eiern versorgt. Die Abgabe der Produkte erfolgt zu nahezu 100 % an die Solidargemeinschaft. Perspektivisch sollen 100 Ernteanteile ausgegeben werden. Ein Ernteanteil liegt momentan bei 100 €, perspektivisch mit Fleisch und Milchprodukten höher. »Fresszellen« existieren in Chemnitz und der Umgebung des Hofes.

Der Betrieb ist eine UG & Co. KG (UG als Komplementär der KG). Die Rechtsform einer KG wurde in erster Linie aus Haftungsfragen gewählt. Bei der Gründung wurde ein Steuerberater hinzugezogen. Die Verbrauchergemeinschaft hat keine eigene Rechtsform. Innerhalb der Solidargemeinschaft existieren zwei verschiedene Vertragsmöglichkeiten:

1.) Jahresvertrag mit einem Monatsbeitrag von 100 €

2.) Mitgliedschaft ohne Vertragsbindung mit einem Monatsbeitrag von 120 €

Bislang gibt es keine negativen Erfahrungen mit der Rechtsform. Die Pflicht zur doppelten Buchführung ist allerdings entsprechend kostenintensiv.

Der Hof und das Land ist Eigentum der Geschäftsführerin. Als weitere Rechtsform wurde ein Verein gegründet. Dieser betreibt Bildungsarbeit. Er ist nicht direkt mit der solidarischen Landwirtschaft verbunden.

Das Land wurde mit Hilfe von Krediten gekauft. Die finanzielle Beteiligung von Mitgliedern am Betrieb (Eigenkapital) wird gewünscht, zurzeit aber nicht realisiert. Gemeinsame Entscheidungen mit Mitgliedern sind sehr wichtig. Entscheidungen werden in gemeinsamen Versammlungen getroffen. Die Kommunikation erfolgt über E-Mail und einen wöchentlichen Newsletter. Einmal im

Organigramm Bunte Kuh UG & Co. KG

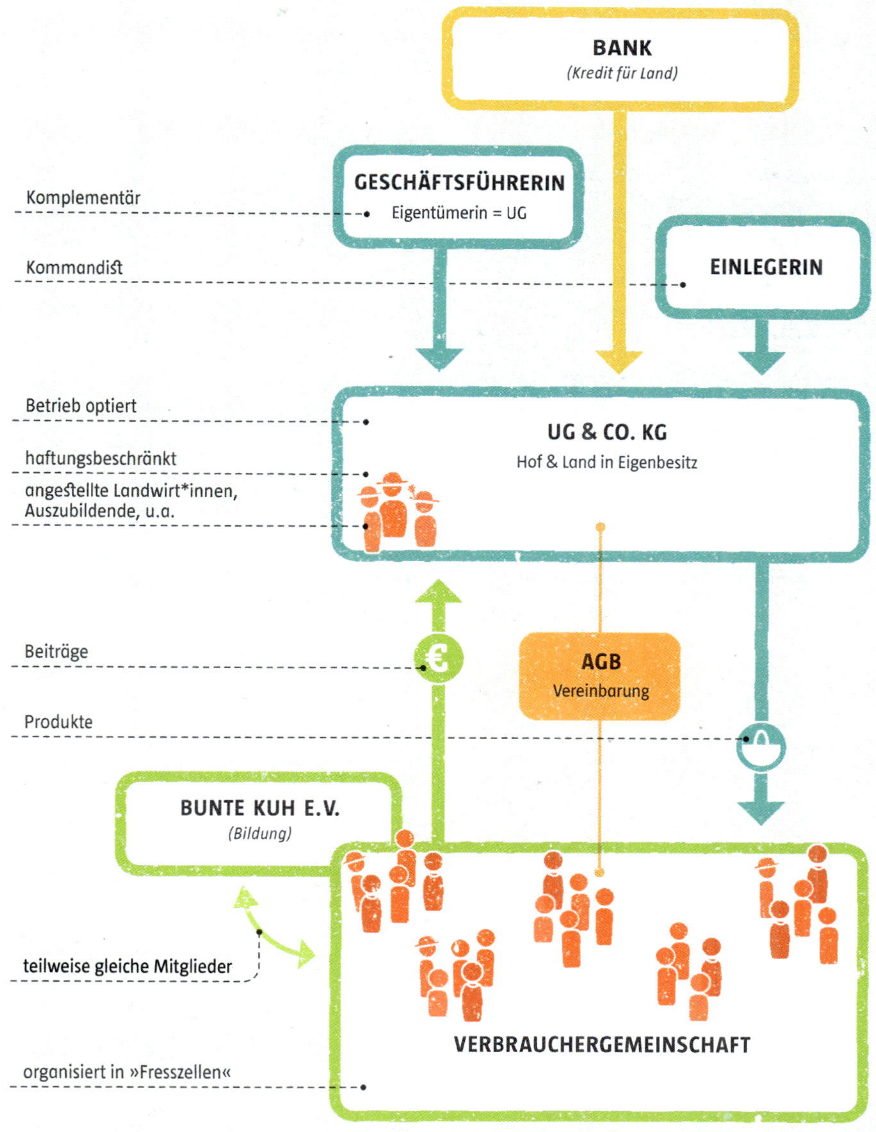

Monat findet ein Infotag für Interessierte der solidarischen Landwirtschaft auf dem Hof statt, viermal im Jahr ein Stammtisch für die Ernteanteilsnehmer. Auf der Hauptversammlung im Winter wird die Anbauplanung abgestimmt, die Finanzierung neuer Projekte besprochen und die Verwendung der durch die Beiträge der Ernteteilenden zusammenfassend vorgestellt. Bei jedem Stammtisch wird eine Übersicht des Budgets gegeben und fehlende Beträge in einer Bieterrunde zur Disposition gestellt. Die Organisation der »Mit(fr-)esserInnen« findet momentan in 6 »Fresszellen« statt.

Bei der Gründung wurde nur in begrenztem Maß Unterstützung und Beratung in Anspruch genommen. Vieles wurde eher selbständig entwickelt. Der Initiativkreis hat weitere Leute gesucht. Nach der Gründung fand ein größerer Austausch im Netzwerk und mit anderen Solidargemeinschaften statt. Mittlerweile kommen auch neue Initiativen und suchen den Austausch und die Beratung.

Die Solidarische Landwirtschaft hat die Betriebsgründung und wirtschaftliche Entwicklung erst ermöglicht. Es besteht eine große Zufriedenheit mit der Marktunabhängigkeit. Es ist gut, dass keine Notwendigkeit zum Wachsen oder Weichen besteht. Ein großes Thema ist die Kommunikation mit Ernteteilern und die Transparenz. Verbraucher sollten eine Vorstellung vom Hof und den Problemen entwickeln. Die Kommunikation läuft am besten, wenn die Menschen zum Hof kommen. Die größte Herausforderung ist, aktuell mehr Ernteteiler zu finden.

»SoLawi geht, egal an welchem Standort. Auch auf dem flachen Land – ohne Großstadt. Es kommt darauf an die richtigen Menschen zu finden und gut zu kommunizieren – auch im Netz. Es macht viel Arbeit, aber auch viel Spaß.«

Wurzelwerk/Rote Rübe

Der Betrieb »Rote Rübe« ist ein reiner Gemüsebaubetrieb und Bestandteil der Kommune Niederkaufungen. Die Gemüsegärtnerei wird durch ein Gärtner*innenkollektiv bewirtschaftet und ist Zweckbetrieb eines gemeinnützigen Vereins (Verein für Gesundheit, Ökologie und Bildung). Im Verein spielt pädagogische Bildungsarbeit eine wichtige Rolle. Zum Zweckbetrieb gehören auch ein Samenbaubetrieb, ein Hofladen und eine Obstmanufaktur, diese sind jedoch organisatorisch getrennt und gehören nicht zur Solawi. Außerhalb der Solawi wird vom Betrieb Rote Rübe auch ein Selbsterntegarten betrieben. Parzellen werden vermietet, die Bodenbearbeitung und Einsaat durch Betrieb gewährleistet. Das Projekt »Ei.dott.komm« ist ebenfalls ein Projekt der Roten Rübe und in die Solawi eingebunden. Der Gärtnereibetrieb wurde 1988 gegründet, ist seit 1992 Bioland Mitglied und betreibt seit 2010 in Kooperation mit dem Betrieb »Wurzelwerk« Solidarische Landwirtschaft. Wurzelwerk ist eine GbR und betreibt auf ca. 4 ha Gemüsebau mit Arbeitspferden. Die beiden Gärtnereien beliefern den »Solidarische Landwirtschaft für Kassel und Umgebung e. V.«. Die Verbrauchergemeinschaft hat einen Verein gegründet und kooperiert mit den Gärtnereien Wurzelwerk, Rote Rübe, einem weiteren Streuobstbetrieb und dem Kasseler Honig-Kollektiv. Die Mitglieder des Vereins können inzwischen modulhaft Gemüse-, Obst-, Honig- und Eieranteile »zeichnen«.

Die »Rote Rübe« beschäftigt als Betrieb 3 Vollerwerbsarbeitskräfte plus Hilfskräfte/Praktikanten. »Wurzelwerk« beschäftigt 3 Vollzeit-AK, zwei Auszubildende plus FöJ und Praktikanten. Zusammen gibt die Solawi ca. 230 Ernteanteile (EA) aus, das entspricht ca. 250 Personen. Das Jahresbudget liegt in der Roten Rübe bei ca. 75.000 € bei »Wurzelwerk« in etwa in der gleichen Größenordnung. Der Zweckbetrieb pauschaliert steuerlich (10,7 %). Das Land ist in erster Linie gepachtet (Privatpersonen und Gemeinde), die Hofstelle ist gekauft und im Besitz der Kommune Niederkaufungen (Kommune e. V.). Inventar, Maschinen und alle Produktionsmittel gehören der Kommune e. V. als Gemeinschaftseigentum. Die GbR Wurzelwerk besitzt eigene Geräte, Maschinen und Inventar. Diese vermarktet teilweise auch Abokisten, aber Solawi ist die zentrale Produktabgabe. Organisatorisch macht jeder Betrieb die Etatplanung getrennt, diese werden aber gemeinsam vorgestellt. Die Mitgliedsbeiträge werden zwischen Betrieben Wurzelwerk und Rote Rüber im Verhältnis 75/25 geteilt. Es existiert keine Verrechnung von Mengen und Arbeitsleistung.

Entscheidungen in der Solawi werden im Konsens getroffen (1 Vollversammlung pro Jahr, Austauschtreffen alle 3 Monate), betriebliche Entscheidungen werden durch Gärtner*innen auf der Basis von Diskussionen, Transparenz, Information und Vertrauen mit der Solawi gefällt. Steuerliche Aspekte sind mittelwichtig. Die finanzielle Beteiligung der Mitglieder am landwirtschaftlichen Betrieb ist wichtig aufgrund der Verbundenheit, der finanziellen Verantwortung und der Motivation. Die gemeinsame Entscheidung mit den Mitgliedern ist ebenfalls sehr wichtig.

Bei der Gründung wurde im Grunde keine Beratung in Anspruch genommen, der Betrieb war Netzwerkmitbegründer. Er gab aber Beratung/Anregung für andere Betriebe. Die Teilnahme am Netzwerk Solidarische Landwirtschaft ist intensiv. Austausch war immer sehr wichtig, v. a. auch die Fachberatung und der Austausch zu Fachfragen. Es besteht aktuell ein Beratungsbedarf/Austausch zu Entlohnung, auch ein Bedarf nach einem Austausch zu Gruppenbildung.

Die wirtschaftliche Situation ist sehr viel besser geworden seit Solawi betrieben wird. Die Betriebssicherheit und das Lohnniveau sind gestiegen. Eine Bezahlung nach Tarif ist noch nicht erreicht aber angestrebt und aktuell die größte Herausforderung. Das würde jedoch das notwendige Budget wesentlich erhöhen. Große Zufriedenheit besteht mit der Motivationssteigerung durch Solawi. Sehr zufriedenstellend ist zu wissen, für wen das Gemüse angebaut wird und die persönliche Beziehung. Positiv bewertet wird auch, dass mit der Arbeit auch politische und Bildungsarbeit geleistet wird und dass die Mitglieder mithelfen. Mittlerweile organisiert sich die Arbeitsgemeinschaft selbst.

Das Honigkollektiv ist ein lockerer Zusammenschluss aus zwei getrennten Imkereien ohne spezielle Rechtsform, da Imkereien bis zu 30 Völkern als Liebhaberei/Hobby angesehen werden. Die Ernte wird auf der Berechnungsgrundlage von etwa 40 kg Honig pro Bienenvolk auf 20 Anteile aufgeteilt. Entsprechend werden die Kosten für die Bewirtschaftung von einem Volk pro Jahr auf 20 Anteile aufgeteilt. Der tatsächlich geerntete Honig, je nach Bienenjahr, wird auf die Anteile verteilt. Im Selbstverständnis werden die Völker von der Solawi gepachtet und die Imker kümmern sich um die Bienen.

Organigramm Wurzelwerk/Rote Rübe

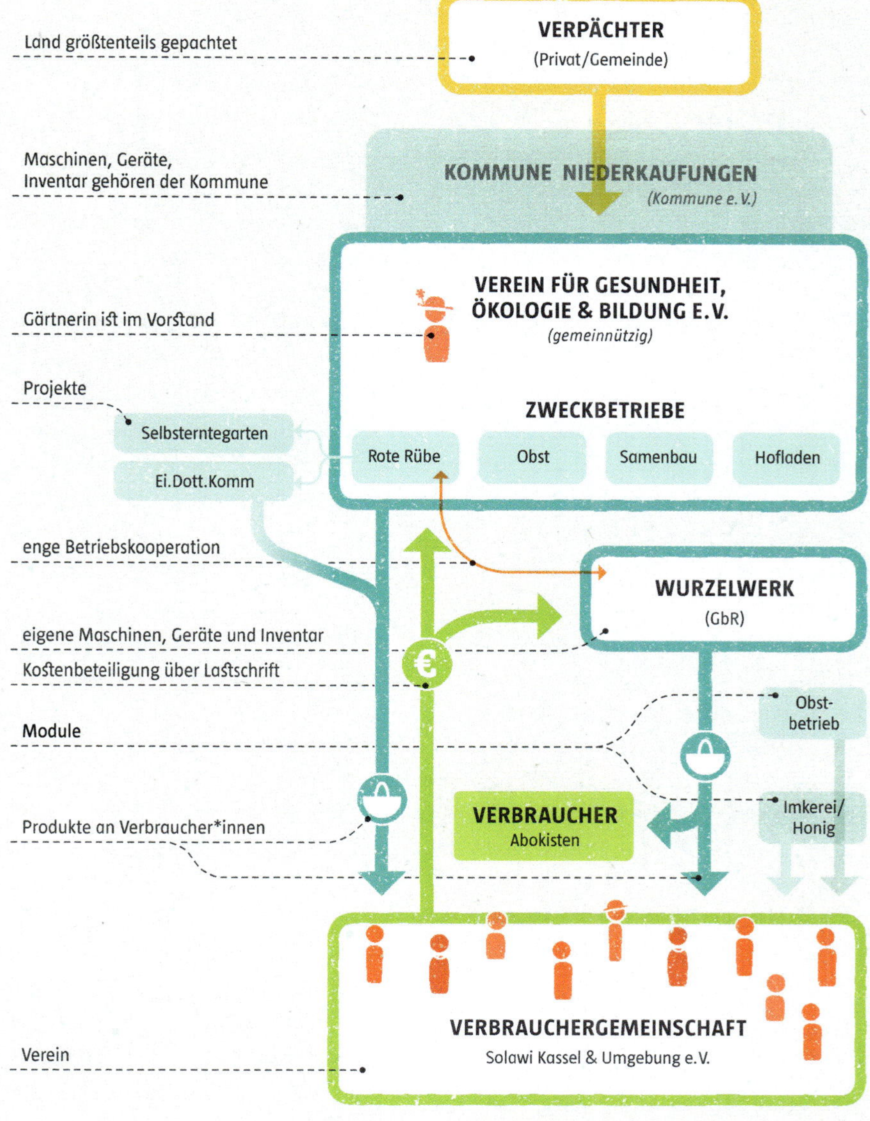

Hof Tangsehl

Der Hof wurde vor 25 Jahren durch eine Hofgemeinschaft gekauft und in gemeinnützige Trägerschaft gegeben. Die heutige Betriebsgemeinschaft existiert erst seit Anfang 2013. Der Vorgängerbetrieb hatte bereits auf Solawi umgestellt. Der Hof bewirtschaftet mittlerweile 115 ha. In der Hofgemeinschaft sind aktuell 9-10 Personen vollzeitbeschäftigt. 85% der Produkte gehen an die Solawi Versorgergemeinschaft. Momentan werden 145 Ernteanteile vergeben und 200 Personen versorgt. Die Ernteanteile liegen je nachdem, was die Mitglieder haben wollen bei 160 € (inkl. Fleisch), 130 € (vegetarisch, mit Milchprodukten und Eiern), 100 € (›nur‹ Gemüse). Es können auch halbe Anteile miteinander kombiniert werden (z. B. ½ Anteil inkl. Fleisch + ½ Anteil vegetarisch). Das gesamte Jahresbudget des Betriebes liegt bei etwa 400.000 € (inkl. CSA, Überschussvermarktung, Subventionen, Schulklassen).

Der Hof und ein Teil des Landes gehören einem gemeinnützigen Trägerverein. Die Betriebsgemeinschaft (GbR) ist Pächter. Die Versorgergemeinschaft hat keine eigene Rechtsform. Eine schriftliche Vereinbarung besteht direkt zwischen Mitgliedern und Bewirtschaftern (GbR). Die Beiträge werden mehrheitlich monatlich im Voraus gezahlt. Die Pacht für den Hof wird vom Träger für Reinvestitionen in den Hof verwendet. Hof und Land sowie lebendes Inventar gehört dem Verein, totes Inventar gehört dem Bewirtschafter. Bei Betriebsaufgabe muss lebendes Inventar zurückgegeben oder entschädigt werden. Totes Inventar muss dem Träger oder einem Nachfolger zum Kauf angeboten werden. Einmal im Jahr findet ein Betriebsentwicklungsgespräch statt, dies dient der Transparenz und Kommunikation zwischen Träger und Betriebsgemeinschaft. Die Pachtverträge sind langfristig über 30 Jahre gesichert.

Investitionen werden entweder vom Träger (Verein) oder vom Bewirtschafter (GbR) getragen. Die Modalitäten werden vertraglich geregelt und wurden aufgrund von Erfahrungen mit Investitionsstaus in der Vergangenheit weiter entwickelt. Die Betriebsgemeinschaft (GbR) hat kürzlich in ein Gemüsekühlhaus, ein großes Thermogewächshaus, einen neuen Hühnermobilstall für 225 Legehennen und ein Kälberiglu investiert. Feste Anlagen (Ställe, Unterstände, Kühlhaus, Gewächshäuser) werden bei Pachtende vom Trägerverein (e. V.) übernommen und ausgelöst. Der Trägerverein hat einige notwendige Renovierungs- und Sanierungsmaßnahmen vorgenommen, z. B. die komplette Erneuerung der Käserei. Aktuell stehen der Bau neuer Stallgebäude (für Rinder und Schweine), sowie Unterstellfläche für Maschinen und Tiere an.

Organigramm Hof Tangsehl

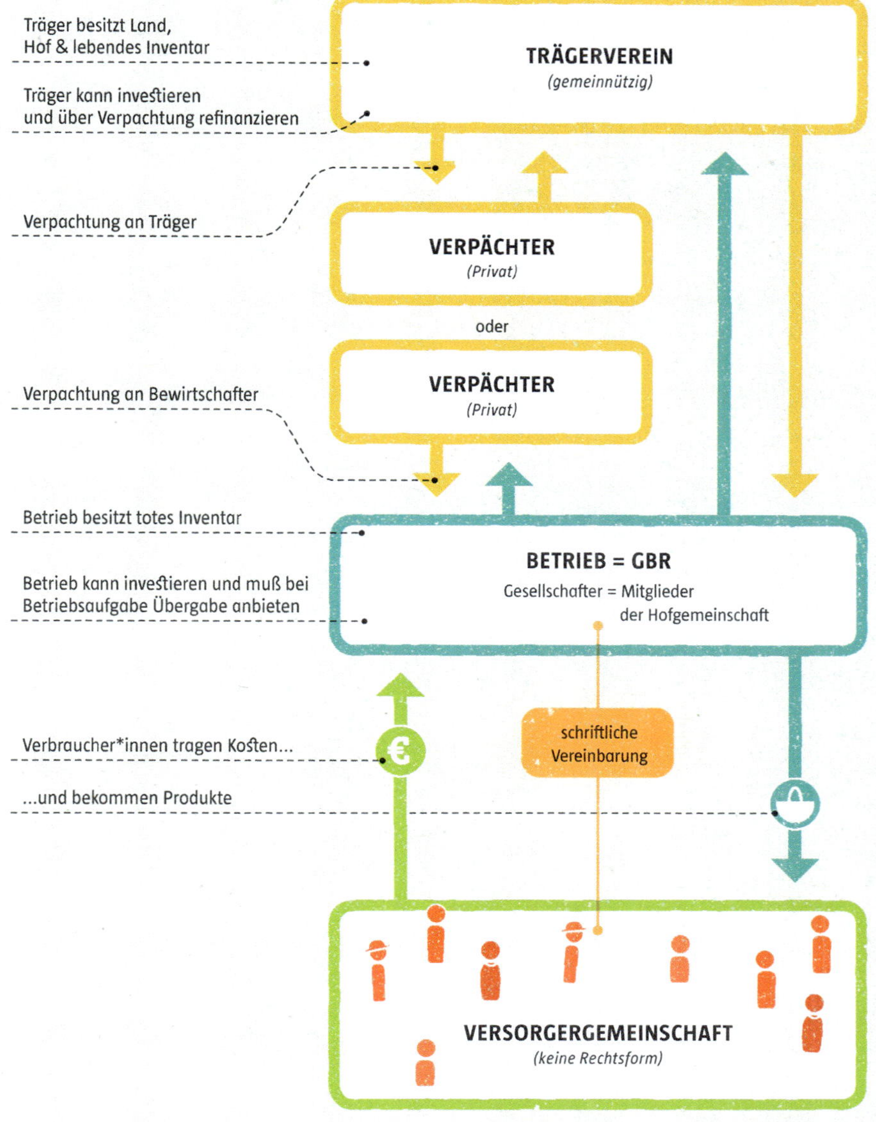

Die GbR als Rechtsform wurde nach intensiver Auseinandersetzung, Information und Beratung gewählt. Positive Aspekte sind Freiheiten und Unabhängigkeit. Damit verbunden ist aber auch die volle finanzielle Haftung und damit Risiko. Gründe für die Umstellung auf Solawi des Vorgängerbetriebes lagen in der wirtschaftlichen Situation. Umsatzsteuerlich pauschaliert der Betrieb. Steuerliche Aspekte sind zwar relevant aber andere Aspekte waren wichtiger für die Wahl der Rechtsform. Eine finanzielle Beteiligung von Verbraucher*innen (Eigenkapital) am Betrieb ist ggf. für größere Investitionen in der Zukunft interessant. Grundsätzliche betriebliche Entscheidungen werden durch die Betriebsgemeinschaft getragen. Entscheidungen über Verteilung, Finanzierung werden in Absprache mit der Versorgergemeinschaft getroffen.

Hilfe bei der Umstellung erfolgte durch den Austausch mit anderen Betrieben/Solawis. Fachberatung wurde nur im Bereich der Hofgründung generell gesucht. Dies erfolgte u.a. durch Rechtsberatung und Hofgründungsberatung. Wichtig war die eigene Erfahrung (Versicherung, Verbändeunterstützung, Kontakte, Ämter, etc.). Als positiv werden das feste Einkommen, die Deckung der laufenden Kosten und die Planungssicherheit durch Solawi bewertet. Die wirtschaftliche Situation hat sich dadurch stabilisiert. Es besteht eine ausgeglichene finanzielle Situation. Als sehr zufriedenstellend wird es empfunden zu wissen, für wen man die Lebensmittel anbaut. An Erfahrungen können Hilfe bei Anbauplanung, (Mengenabschätzung), Erfahrungen mit Ämtern im Zusammenhang mit Bauprojekten und Neuanschaffungen, Schätzung finanzieller Beiträge, Tipps für die Öffentlichkeitsarbeit, Mitgliederwerbung und Hilfe bei der Materialienerstellung (Vereinbarung, Orientierungsleitfaden für Mitglieder, Depotplanung, Abgabeschema etc.) weitergeben werden.

Hof Landolfshausen

Der Betrieb existiert seit 1988 und betreibt Solidarische Landwirtschaft seit 2012. Die Nutzfläche beträgt 6,1 ha. Es wird Gemüsebau mit Pferdehaltung betrieben. Die Pferde werden als Arbeitspferde eingesetzt. Der Betrieb ernährt die Betriebsleiterfamilie. Es werden mehrere Teilzeit-AK beschäftigt. Saisonaushilfen und Praktikanten werden nach Bedarf beschäftigt. Der Betrieb versorgt 170 Haushalte. Ein großer Ernteanteil liegt bei 65 € und versorgt ca. zwei-drei Personen, ein kleiner Ernteanteil kostet 32,50 € und versorgt eine Person.

Die Initiative ging sowohl von Verbraucherseite, als auch vom Betrieb aus. Die Verbraucherinitiative entstand aus der Transition-Town-Bewegung. Der Betrieb war auf der Suche nach Veränderung und einer neuen Betriebsperspektive.

Der Betrieb ist eine Gesellschaft bürgerlichen Rechtes (GbR). Die Solawi hat keine eigene Rechtsform, sondern beruht auf einer Vereinbarung und Festlegung für ein Jahr. Die Verbrauchergemeinschaft ist in erster Linie versorgungs- und eher weniger gestaltungsorientiert. Ob Mitglieder in Entscheidungen einbezogen werden ist vom Entscheidungsgegenstand abhängig. Grundsätzliche Entscheidungen werden mit der Verbrauchergemeinschaft abgestimmt, die Teilnahme daran ist jedoch eher begrenzt. Kommunikation und Transparenz sind wichtig, damit alle zufrieden sind. Die letzte Entscheidungskompetenz bleibt jedoch beim Betrieb.

Die Hofstelle und der Betrieb gehören den Bewirtschaftern. Das Land ist in erster Linie gepachtet. Umsatzsteuerlich pauschaliert der Betrieb. Steuerliche Aspekte sind nicht wichtig. Aufgrund der steuerlichen Pauschalierung wird keine Mehrwertsteuer abgeführt, Vorsteuer kann allerdings auch nicht geltend gemacht werden. Eine weitergehende finanzielle Beteiligung von Mitgliedern am Hof (Betrieb) ist nicht angedacht.

Eine Beratung bei Betriebsgründung durch das Netzwerk erfolgte nicht, aber der Erfahrungsaustausch mit anderen Solidarhöfen wurde gesucht. Probleme bei der Umsetzung gab es im Wesentlichen keine.

Die finanzielle Situation des Betriebes hat sich durch die Umstellung auf Solawi entspannt. Wichtig sind auch die Planbarkeit und Sicherheit der Einkünfte, die Unabhängigkeit vom Markt wird als sehr zufriedenstellend beschrieben. Als positiv wird wahrgenommen, dass von Verbraucherseite immer kompetente Leute da waren, um Aufgaben zu übernehmen.

Die größte Herausforderung ist aktuell, dass die Mitglieder zufrieden sind. Mitglieder sind in ihren Erwartungen und Bedürfnissen sehr unterschiedlich.

Organigramm Hof Landolfshausen

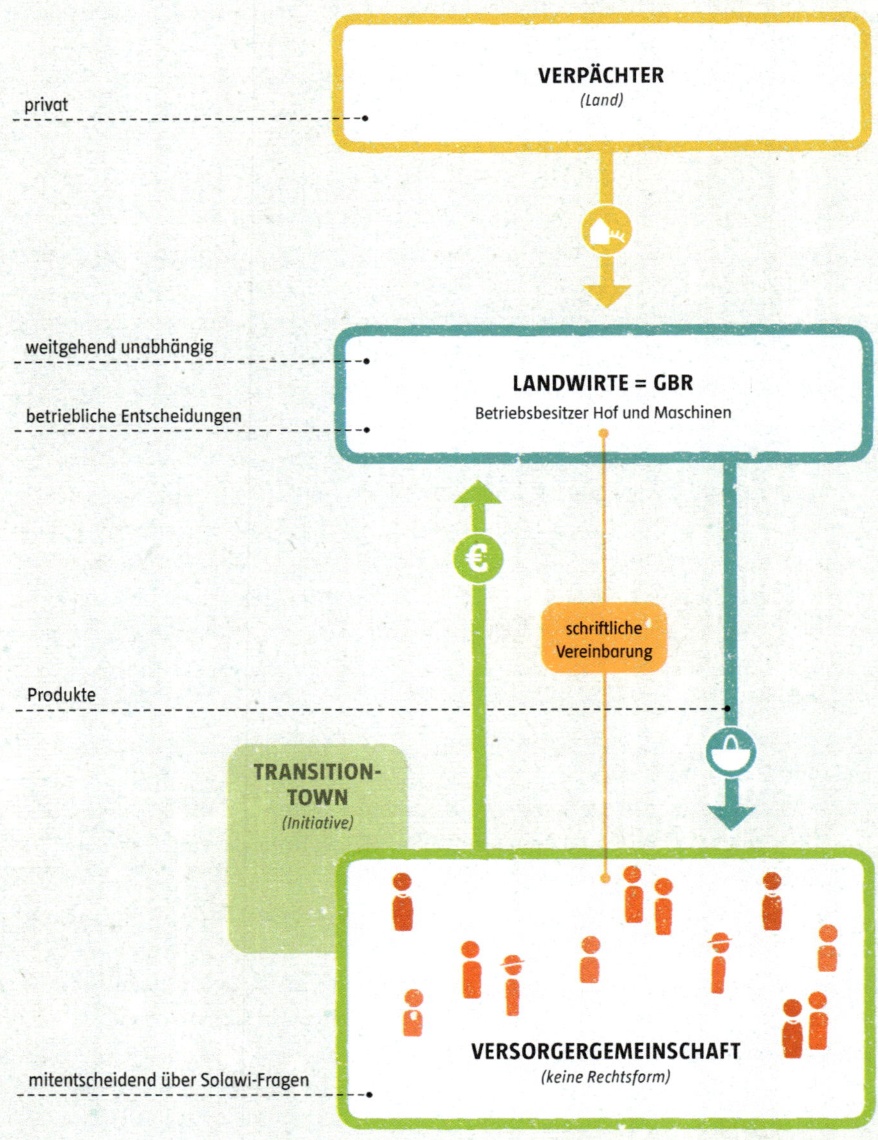

Gut Wegscheid

Der Hof wurde 2012 gekauft und 2013 an den jetzigen Bewirtschafter verpachtet. Im März 2013 erfolgte die Betriebsgründung durch den Landwirt. Es werden ca. 16 ha bewirtschaftet, davon ca. ein Drittel Acker und Folientunnel, der Rest Grünland. Das Land (insgesamt ca. 15 ha von der Stadt und ein knapper Hektar Folientunnel aus Privatbesitz) sind vom Betrieb zu gepachtet. Alleinige Ausgabestelle bleibt aber der bisherige Hofladen auf dem Hof.

Produktionsrichtungen sind der Anbau von ca. 50 Gemüsesorten, Kartoffeln und etwas Getreide, Streu- und Beerenobst, daneben Eier und Brot. 2015 kamen eine Hühnergruppe von 99 Hühnern und eine kleine Schafgruppe zur Grünlandpflege dazu. Zusätzlich wird an zwei Tagen in der Woche Brot in der eigenen kleinen Backstube gebacken. Der Betrieb beschäftigt zwei Arbeitskräfte in Vollzeit plus vier in Teilzeit und eine auf 450 €-Basis. Produkte gehen zu 98 % an die Solawi. Zurzeit werden 75 ganze und 230 halbe Ernteanteile verteilt und davon gut 300 Mitglieder versorgt. Das Jahresbudget liegt bei ca. 250.000 €. Umsatzsteuerlich pauschaliert der Betrieb.

Die Initiative zur Solawi von Verbraucherseite, der Hofkauf und die Übergabe des alten, nebenerwerblichen Betriebs kamen zusammen, so dass der Betrieb 2013 direkt als Solawi neu gegründet werden konnte und nun haupterwerblich geführt wird. Der landwirtschaftliche Betrieb ist ein Einzelunternehmen. Die Solawi hat keine eigene Rechtsform. Grundlage ist ein Vertrag mit dem Landwirt mit einer bindenden Einzugsermächtigung für ein Jahr. Die Maschinen gehören teils der Hofbesitzerin, die sie vom Vorbesitzer übernommen hat, teils wurden sie vom Bewirtschafter mitgebracht bzw. aus dem laufenden Budget ergänzt. Die hofeigenen Maschinen und Geräte gehen über Kauf auf Raten (bzw. Verpachtung bei einem kleinen Teil) auf den Bewirtschafter über.

Betriebliche Entscheidungen werden durch den Landwirt gefällt, Entscheidungen über Gebäude liegen bei der Besitzerin. Die Kerngruppe, die aus ca. 15 Leuten besteht, unterstützt den Landwirt bei der Mitgliederverwaltung, organisiert die Jahresversammlung und die Hoffeste, wirkt bei Mitarbeitstagen mit und ist für die Betreuung und Pflege der Website und die Werbung neuer Mitglieder zuständig. Die Beteiligung von Mitgliedern wird begrüßt und wird von einem kleinen, aber engagierten Teil der Mitglieder auch wahrgenommen. Der Kontakt von den Mitgliedern zum Hof entsteht über monatliche Hofführungen, Feste und regelmäßige Mitarbeitstage.

Das rechtliche Modell wurde gewählt, um die bürokratischen Strukturen so gering wie möglich zu halten. Der Jahresbeitrag für einen großen oder kleinen Ernteanteil ist für ein Jahr im Voraus und als erhöhter Jahresbeitrag (Spende) zur Förderung möglich. Der Pachtvertag wurde persönlich entworfen und dann mit Rechtsanwalt und Steuerberater besprochen. Hilfestellung und Beratung beim Aufbau der Solawi erfolgte am Anfang durch einen Vortrag von Mathias v. Mirbach und durch die Fähigkeiten und das Engagement innerhalb der Kerngruppe. Wichtig war die Überzeugung und Begeisterung in der Gruppe, die vielen fachlichen und menschlichen Qualitäten sowie die Hilfe bei der Finanzplanung durch zwei Finanzfachleute aus der Kerngruppe.

Die Erfahrung mit der Solawi wird als hervorragend beschrieben. Der vorherige Betrieb wurde im Nebenerwerb geführt, so dass die wirtschaftliche Situation nicht direkt vergleichbar ist. Sie wird jedoch als stabil beschrieben. Eine besondere Zufriedenheit besteht aufgrund der Sicherheit für den Landwirt und dem Erhalt der Landwirtschaft. Die größten Herausforderungen sind die lange vernachlässigten Böden, das Unkraut, die Sicherstellung der Menge und der Qualität des Gemüses, die weit auseinanderliegenden Flächen und die damit verbundene Organisation der Arbeits- und Hilfskräfte.

Es wird empfohlen, mit Freude und praktisch-konstruktiv an die Sache heranzugehen, mit möglichst wenig ideologischem Überbau, des weiteren Probleme so anzugehen, wie sie sich stellen, und sich vom Prozess überraschen zu lassen. Manches Problem entsteht erst gar nicht, wenn man klar und entschlossen an die Sache herangeht.

»Solawi macht – neben der vielen Arbeit – einfach Spaß!«

Organigramm Gut Wegscheid

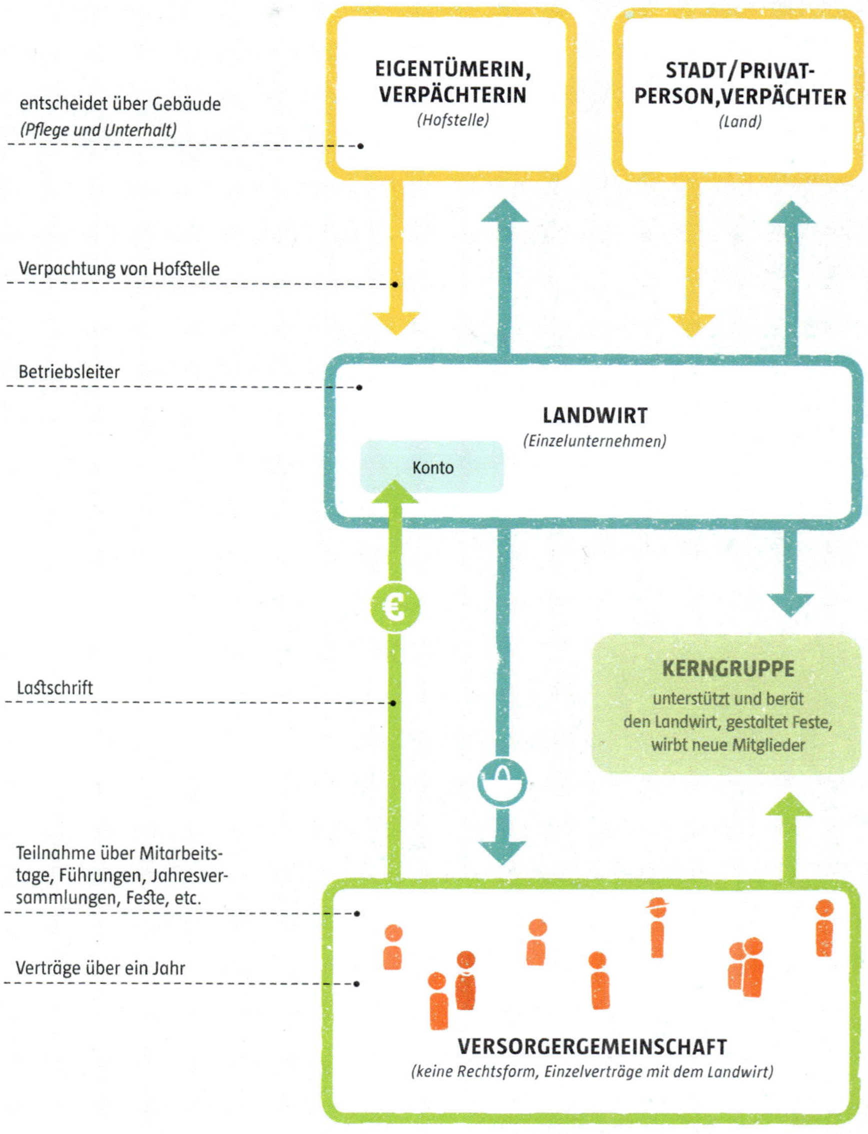

Teil 3

Alles was Recht ist – Einführung Gesellschafts- & Steuerrecht

Grundsätzlich unterscheiden sich Rechtsformen darin, wer haftet und das wirtschaftliche Risiko trägt. An die Rechtsform und die Art der wirtschaftlichen Tätigkeit sind auch Unterschiede in der Besteuerung gebunden. Für die Landwirtschaft und gemeinnützige Körperschaften existieren einige wichtige Sonderregelungen. Für Neugründungen in der solidarischen Landwirtschaft ist es sinnvoll, einen groben Überblick über die Unterschiede von Rechtsformen und die damit verbundenen steuerlichen Aspekte und Haftungsfragen zu besitzen. Einen solchen Überblick über die entsprechenden gesetzlichen Grundlagen soll dieser dritte Teil der Broschüre vermitteln.

Gesellschaftsrecht

Ausgangspunkt von Zusammenschlüssen und Vereinigungen sind zu allererst natürliche Personen, also Menschen. Diese treffen Vereinbarungen, handeln individuell und selbst verantwortlich. Als natürliche Person ist der Mensch Rechtssubjekt, d. h. Träger von Rechten und Pflichten und haftet für sein eigenes wirtschaftliches Handeln.

Jede **natürliche Person** ist bei einer wirtschaftlichen Tätigkeit im rechtlichen Sinn »Einzelunternehmer«, das heißt selbständig tätig. In diesem Sinne gibt es keine Möglichkeit auf eine Rechtsform zu verzichten. Der Verzicht auf die explizite Wahl einer Rechtsform führt automatisch zur Haftung als Einzelindividuum. Der Zusammenschluss mehrerer natürlicher Personen führt automatisch zur Bildung einer Personengesellschaft (GbR), wenn nichts anderes festgelegt wird.

Eine **juristische Person** ist dagegen eine Körperschaft, das heißt eine rechtlich eigenständige Einheit, z. B. ein Verein oder eine Kapitalgesellschaft, die ihre Rechtsfähigkeit durch Eintragung in ein öffentliches Register erlangt. Sie wird dadurch selbst, also unabhängig von den einzelnen Mitgliedern, Trägerin von Rechten und Pflichten.

Eine **Gesellschaft** ist der Zusammenschluss mehrerer (natürlicher oder juristischer) Personen zur Verfolgung eines bestimmten Zweckes. Es können Personengesellschaften und Körperschaften anhand der Inhaberschaft des Gesellschaftsvermögens und der Haftung gegenüber Dritten unterschieden werden. Davon ist abhängig, wer der Träger von Rechten und Pflichten ist.

Bei den **Personengesellschaften** sind die Gesellschafter Träger von Rechten und Pflichten. Sie sind Inhaber des Gesellschaftsvermögens, d.h. das Gesellschaftsvermögen steht Ihnen im Gesamten zu und sie haften persönlich mit ihrem privaten Gesamtvermögen.

Dagegen sind **Körperschaften** eigene Rechtspersonen, die sowohl Rechte als auch Pflichten tragen. Die Gesellschaft selbst ist Inhaberin des Gesellschaftsvermögens. Die Haftung gegenüber Dritten ist meist auf das Gesellschaftsvermögen beschränkt.

Ein weiterer Unterschied zwischen Körperschaften und Personengesellschaften betrifft die **Geschäftsführung und Vertretung**. Diese Aufgaben werden in Personengesellschaften von den Gesellschaftern selber wahrgenommen, während diese Funktionen in Körperschaften durch besondere Organe, also gewählte Vertreter (Vorstand, Aufsichtsrat, Geschäftsführung u. a.), ausgeübt werden.

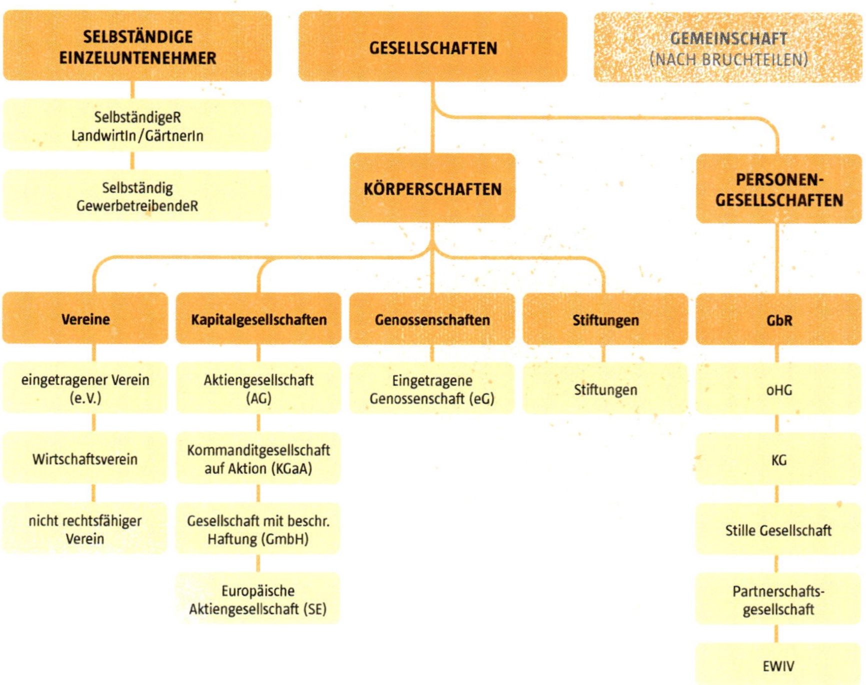

Übersicht zu Gesellschaftsformen

Einzelunternehmer*in

Eine **Einzelunternehmer*in** ist immer eine einzelne Person, die selbständig und eigenverantwortlich, d.h. nicht abhängig beschäftigt, wirtschaftlich tätig wird. Eine Einzelunternehmer*in haftet allein und in vollem Umfang mit ihrem gesamten Vermögen für Ihre wirtschaftliche Tätigkeit. Es findet keine Trennung zwischen Betriebsvermögen und Privatvermögen statt. Einzelunternehmen sind in der Landwirtschaft eine häufig vorkommende Rechtsform.

Der Gewinn aus einzelunternehmerischer Tätigkeit muss als Einnahme aus selbständiger Tätigkeit in der Einkommensteuer versteuert werden (§ 13 EStG). Einkommensteuerpflichtig ist niemals das Unternehmen sondern immer die Inhaber*in. Sie besitzt die volle Entscheidungsfreiheit und Verfügungsgewalt über das Betriebsvermögen. Solange eine landwirtschaftliche Tätigkeit nicht als Gewerbe eingestuft wird, ist die landwirtschaftliche Einzelunternehmer*in nicht gewerbesteuerpflichtig und es besteht keine Pflicht zur Bilanzbuchführung. Eine Einzelunternehmer*in unterliegt im Sinne des Umsatzsteuergesetzes der Umsatzsteuerpflicht. Für landwirtschaftliche Unternehmen bestehen jedoch zahlreiche steuerliche Sonderregelungen und Vereinfachungen, die im nächsten Teil vertieft werden.

Das Einzelunternehmen ist die einfachste Rechtsform zur Gründung eines landwirtschaftlichen Betriebes. Sie erfolgt formlos und unkompliziert, wenn beim Finanzamt eine Steuernummer beantragt wird und Einkünfte aus landwirtschaftlicher Tätigkeit erzielt werden. Sie erfordert kein Mindestkapital und ist mit geringen Kosten verbunden. Sie ist deshalb eine sehr einfache und niedrigschwellige Möglichkeit zur Gründung eines Betriebes. Für die Kommunikation mit Banken, Verwaltung und anderen Stellen ist die Rechtsform des Einzelunternehmens vorteilhaft. Der spätere Wechsel zu einer anderen Rechtsform ist in der Regel unkompliziert.

Gemeinschaft (nach Bruchteilen)

Die ›Gemeinschaft‹ (nach Bruchteilen, BGB §§ 741 ff) ist ein Zusammenschluss, der seinen Mitgliedern durch die gemeinsame Übernahme von Aufwendungen wirtschaftliche Vorteile verschafft. Das BGB definiert die ›Gemeinschaft‹ (nach Bruchteilen), wenn ein Recht mehreren Personen gemeinschaftlich zusteht. In der Landwirtschaft ist der Begriff der ›Gemeinschaft‹ z.B. als Maschinengemeinschaft weit verbreitet. Dabei ist jede Teilhaber*in zum Gebrauch des gemeinschaftlichen Gegenstandes befugt, soweit nicht der Mitgebrauch der übrigen Teilhaber*innen beeinträchtigt wird. Jeder Teilhaber*in gebührt ein ihrem Anteil entsprechender Bruchteil der Früchte (BGB § 743 (1) und (2)). Die Verwaltung des gemeinschaftlichen Gegenstandes erfolgt gemeinschaftlich (BGB § 744). Eine ›Gemeinschaft‹ liegt also vor, wenn die genutzten Gegenstände im Miteigentum der beteiligten Personen sind und die Gemeinschaft nur für die beteiligten Mitglieder tätig wird und kostendeckend abrechnet. Die ›Gemeinschaft‹ tritt nicht auf dem Markt auf. Jede Teilhaber*in kann über ihren Anteil verfügen (BGB § 747). Sie ist den anderen Teilhaber*innen gegenüber verpflichtet, die Lasten des gemeinschaftlichen Gegenstandes sowie die Kosten der Erhaltung, der Verwaltung und einer gemeinschaftlichen Benutzung ihrem Anteil entsprechend zu tragen (BGB § 748). Mit der Nutzung einer Gemeinschaft nach Bruchteilen als Form für eine gemeinschaftliche landwirtschaftliche Produktion existieren bislang keine Erfahrungen.

Personengesellschaften

Personengesellschaften sind alle (vertraglichen) Zusammenschlüsse mehrerer Personen zu einer gemeinschaftlichen Zweckverfolgung. Die Gesellschaft bürgerlichen Rechts (GbR) ist die Grundform der Personengesellschaften (§§ 705 ff. BGB). Daneben sind die offene Handelsgesellschaft (oHG), die Kommanditgesellschaft (KG), die stille Gesellschaft und die Partnergesellschaft bekannt.

Die offene Handelsgesellschaft (oHG) ist in erster Linie eine Rechtsform des gewerblichen Handels und entsteht aus einer GbR, wenn diese ins Handelsregister eingetragen wird. Auch sie besteht auf der Basis der unbeschränkten persönlichen Haftung und hat aufgrund des gewerblichen Charakters keine große Bedeutung in der Landwirtschaft. Die Partnergesellschaft (PartG) besteht ebenfalls auf der Basis einer unbeschränkten persönlichen Haftung und ist ein Zusammenschluss von Freiberuflern. Auch Sie hat daher in der Landwirtschaft keine Relevanz. Beide werden deshalb hier nicht weiter behandelt.

GbR

Die GbR ist ein Zusammenschluss von mindestens zwei Personen. Dies können sowohl natürliche, als auch juristische Personen sein. Alle Gesellschafter haften grundsätzlich persönlich und in vollem Umfang (gesamtschuldnerisch) mit ihrem Privatvermögen für alle Verbindlichkeiten der Gesellschaft. Das heißt, ein Gläubiger kann bei jedem Gesellschafter seine Forderungen eintreiben. Nur im Verhältnis untereinander besteht dann ein Recht darauf, dass Forderungen ausgeglichen werden.

Die formelle Gründung einer GbR ist unkompliziert. Sie entsteht durch den Abschluss eines (schriftlichen oder mündlichen) Gesellschaftsvertrages. Im rechtlichen Sinn entsteht eine GbR bereits implizit beim Zusammenschluss mehrerer natürlicher Personen zur gemeinsamen Erreichung eines Ziels, auch ohne eine formale (explizite) Gründung. Dem Gesellschaftsvertrag sollte hinsichtlich möglicher Konfliktfälle unbedingt Aufmerksamkeit gewidmet werden. Er sollte unter anderem Vertretungsbefugnis, Gewinnteilung und den Ein- und Austritt von Gesellschaftern regeln. Der Vertrag kann in großem Maße den Bedürfnissen und Vorstellungen der Gesellschafter angepasst werden. Für die Ausarbeitung ist jedoch die Hinzuziehung eines Rechtsanwaltes und die Einholung weiterer Erfahrungen und Informationen unbedingt zu empfehlen.

Die Geschäftsführung und Außenvertretung wird, solange nichts anderes im Gesellschaftsvertrag festgelegt wird, gleichermaßen durch alle Gesellschafter ausgeübt. Jeder Gesellschafter ist für sich entsprechend seines Gewinnanteils einkommensteuerpflichtig. Dieser wird nach einheitlicher und gesonderter Gewinnfeststellung den Gesellschaftern zugeordnet. Die GbR unterliegt wie jedes andere Unternehmen der Umsatzsteuerpflicht. Die GbR wird nicht im Handelsregister eingetragen und ist nicht gewerbesteuerpflichtig, solange sie nicht im Sinne des Handelsgesetzbuches gewerblich tätig wird. Wird ein Handelsgewerbe betrieben, wird die GbR zur offenen Handelsgesellschaft (OHG) und muss ins Handelsregister eingetragen werden.

Die Vorteile der GbR liegen in der unkomplizierten und kostengünstigen Gründung, den weitreichenden Gestaltungs- und Anpassungsmöglichkeiten im Gesellschaftsvertrag und den grundsätzlich gleichen Rechten und Pflichten aller beteiligten Gesellschafter.

Kommanditgesellschaft (KG)

Die Kommanditgesellschaft (KG) ist eine Personengesellschaft, in der die Rolle der Gesellschafter nach ihrer Haftung und ihrer unternehmerischen Funktion unterschieden wird. Mindestens ein Gesellschafter haftet als Komplementär persönlich und mit seinem gesamten Vermögen. Als Kommanditist haftet mindestens ein weiterer Gesellschafter nur in der Höhe seiner Einlage ins Gesellschaftsvermögen.

Die Gründung erfordert den Abschluss eines Gesellschaftsvertrages, die Eintragung im Handelsregister, sowie die Anmeldung beim Gewerbeamt und beim Finanzamt. Geschäftsführungsberechtigt sind grundsätzlich nur die Komplementäre, nicht jedoch die Kommanditisten. Die KG ist gewerbe- und umsatzsteuerpflichtig. Für die Einkünfte aus der KG sind die Gesellschafter einkommensteuerpflichtig, die Gewerbesteuer wird zu Teilen auf die Einkommensteuer angerechnet.

Es sind verschiedene Formen der KG gebräuchlich, die GmbH & Co. KG ist z. B. sehr verbreitet. Darin nimmt die GmbH die Rolle des Komplementärs ein, so dass eine beschränkte Haftung dieses Komplementärs entsteht. Die gleiche Rolle kann auch eine UG übernehmen. In einer KG auf Aktien (KGaA) erfüllen die Aktionäre die Rolle der Kommanditisten (Kommanditaktionäre) und der persönlich haftende Gesellschafter die Rolle des Komplementärs. Die KGaA ist jedoch im Gegensatz zu den anderen Formen keine Personen- sondern eine Kapitalgesellschaft.

Stille Gesellschaft

Die stille Gesellschaft ist eine Innengesellschaft, d. h. sie besitzt keine Außenwirkung und muss für Außenstehende nicht erkennbar gemacht werden (mit Ausnahme einer stillen Beteiligung an einer Aktiengesellschaft). Ein stiller Gesellschafter beteiligt sich mit einer Vermögenseinlage am gewerblichen, freiberuflichen oder landwirtschaftlichen Betrieb einer anderen (natürlichen oder juristischen) Person (§ 230 ff. HGB) und wird dafür in der Regel am Gewinn und je nach Vereinbarung am Verlust beteiligt. Eine Eintragung im Handelsregister ist nicht erforderlich. Aus einer stillen Gesellschaft folgt keine Beteiligung am Gesellschaftsvermögen. Dieses bleibt vollständig beim eigenständigen Geschäftsinhaber. Die stille Gesellschaft nimmt nicht an der Geschäftsführung teil, tritt nicht im Rechtsverkehr gegenüber Dritten auf und firmiert nicht unter eigenem Namen. Der stille Gesellschafter übernimmt auch keine Haftung gegenüber Dritten.

Körperschaften

Körperschaften sind der Verein, Kapitalgesellschaften (Aktiengesellschaft (AG), Kommanditgesellschaft auf Aktien (KGaA) und Gesellschaft mit beschränkter Haftung (GmbH)), die eingetragene Genossenschaft (eG) und die Stiftung. Die letzte hat jedoch als eigenständige Vermögensmasse mit festgelegter Vermögensverpflichtung eine gesonderte Stellung in den Körperschaften. Die Grundform der Körperschaften ist der in §§ 21 ff. BGB geregelte Verein. Kapitalgesellschaften definieren sich über ein Stamm- oder Grundkapital, dass bei der Gesellschaftsgründung eingebracht wird.

Verein

Es werden der rechtsfähige eingetragene Verein e. V. (Idealverein), der ebenfalls rechtsfähige wirtschaftliche Verein (w. V.) sowie der nicht eingetragene Verein (n. e. V.) unterschieden. Der Verein ist ein dauernder Zusammenschluss von (wechselnden) Personen zur Erreichung eines gemeinsamen Zwecks. Er ist keine Gesellschaft sondern eine Vereinigung und besteht nicht aus Gesellschafter*innen sondern aus Mitgliedern. Organe des eingetragenen Vereins sind mindestens die Mitgliederversammlung und der Vorstand. Ein n. e. V. erfordert nicht zwingend einen Vorstand. Weitere Organe können durch die Satzung bestimmt werden.

Jede Körperschaft, also auch ein Verein kann nach § 51 der Abgabenordnung (AO) als gemeinnützig anerkannt werden, wenn ausschließlich und unmittelbar gemeinnützige, mildtätige oder kirchliche Zwecke verfolgt werden. Diese gemeinnützigen Zwecke werden abschließend in § 52 AO aufgezählt. Die Gemeinnützigkeit ist also eine rein steuerrechtliche Eigenschaft und nicht an die Rechtsform gebunden. Der Idealverein verfolgt primär nicht-wirtschaftliche Zwecke. Der wirtschaftliche Verein verfolgt einen wirtschaftlichen Zweck. Er kann von daher nicht gemeinnützig sein. Auch ein ideeller und gemeinnütziger Verein darf sich wirtschaftlich betätigen, allerdings darf dieser Zweck nicht im Vordergrund stehen.

Der Idealverein erlangt seine Rechtsfähigkeit durch Eintragung in das Vereinsregister beim zuständigen Amtsgericht. Ein wirtschaftlicher Verein erlangt seine Rechtsfähigkeit durch staatliche Anerkennung. Da es für diese Anerkennung keine Ausführungsvorschriften gibt, wird diese Anerkennung normalerweise nicht gewährt, sondern üblicherweise auf andere Unternehmensrechtsformen verwiesen. Der rechtsfähige Verein ist eine haftungsbeschränkte Körperschaft. Die Geschäftsführung und der Vorstand eines rechtsfähigen Vereins haften für Verbindlichkeiten des Vereins nicht persönlich, sondern das Vereinsvermögen. Bei nicht eingetragenen Vereinen haften der Vorstand bzw. die Mitglieder dagegen gesamtschuldnerisch.

Die Gründung eines Vereines erfordert kein Mindestkapital. Zur Gründung sind sieben Mitglieder notwendig. Dafür muss eine Satzung verabschiedet und die Unterschrift der Vorstände notariell beglaubigt werden (in Hessen kann die Unterschriftsbeglaubigung auch kostengünstiger beim Ortsgericht erfolgen). Durch die Satzung regelt der Verein seine eigene Verfassung weitgehend selbst (Vereinsautonomie). Die Juristen sagen »Der Verein hat das Recht, Recht zu setzen«. Er kann damit von allen Rechtsformen im weitesten Maße frei gestalten.

Obwohl der Verein von vielen sich neugründenden Solawis als Rechtsform genutzt wird, ist er als Betriebsträger nur in sehr bestimmten Fällen eine sinnvolle Rechtsform, da ein Idealverein nicht uneingeschränkt wirtschaftlich tätig sein darf. Das gilt noch mehr für die Verbindung mit Gemeinnützigkeit, da weder Solidarische Landwirtschaft noch biologische Landwirtschaft einen gemeinnützigen Zweck darstellen. Ein gemeinnütziger Verein als Betriebsträger ist daher nicht zu empfehlen, eher bietet es sich an, einen gemeinnützigen Verein als begleitende Institution für weitere ideelle und gemeinnützige Aktivitäten zu führen.

GmbH und Unternehmergesellschaft (UG)

Die GmbH ist eine Körperschaft und gehört zu den Kapitalgesellschaften. Die Gesellschafter*innen haften nicht mit ihrem Privatvermögen. Die Haftung ist auf das Gesellschaftsvermögen beschränkt. Gesellschafter*innen können sowohl natürliche als auch juristische Personen sein. Die GmbH wird durch eine Geschäftsführer*in geführt und nach außen vertreten. Diese kann angestellt oder eine der Gesellschafter*innen sein. Durch die Satzung kann auch ein Aufsichtsrat vorgesehen werden.

Für die Gründung einer GmbH müssen 25.000 € Mindeststammkapital Gründungskapital aufgebracht werden. Seit 2008 existiert die Möglichkeit mit einem geringeren Gründungskapital von 1 € die ebenfalls haftungsbeschränkte Unternehmergesellschaft (UG) zu gründen. Sie ist eine gründungsfreundliche GmbH und wird auch als Mini-GmbH bezeichnet. Es gelten dieselben Haftungs- und steuerlichen Regeln wie für die GmbH. Gewinne dürfen jedoch solange nur zu 25 % ausgeschüttet werden, bis das volle Stammkapital einer GmbH erreicht ist.

GmbH oder UG können durch mindestens eine oder mehrere Personen gegründet werden. Dazu ist ein Gesellschaftervertrag aufzusetzen und notariell zu bestätigen. Der Gründungsvertrag (Gesellschaftsvertrag) muss mindestens Angaben über Name, Sitz und Gegenstand (Zweck) der Gesellschaft sowie das Stammkapital und den Betrag der Geschäftsanteile der Gesellschafter*innen enthalten. Die GmbH ist mit einer vollständigen Gesellschafter*innenliste beim Amtsgericht zur Eintragung ins Handelsregister anzumelden.

Eine GmbH unterliegt als Kapitalgesellschaft der Körperschaftssteuer. Sie ist Gewerbebetrieb kraft Rechtsform und unterliegt deshalb auch der Gewerbesteuer. Der ausgeschüttete Gewinn unterliegt zu 25 % der Kapitalertragssteuer (Einkommenssteuer). Umsatzsteuerlich unterliegt die GmbH den gleichen Regeln wie andere Rechtsformen. Als Gewerbe ist jede GmbH zur gesetzlichen Buchführung (Bilanz) verpflichtet. Die rechtliche Grundlage bildet das GmbH-Gesetz (GmbHG).

Aktiengesellschaft (AG), Europäische Aktiengesellschaft (SE) und Kommanditgesellschaft auf Aktien (KGaA)

Die Aktiengesellschaft (AG) gehört ebenfalls zu den Kapitalgesellschaften. Sie befindet sich im Besitz der Aktionäre. Durch Ausgabe von Aktien bildet sich das Grundkapital. Diese sind in der Regel handelbar (übertragbar) aber nicht unbedingt börsennotiert. Die Aktiengesellschaft haftet als Körperschaft mit ihrem Gesellschaftsvermögen. Sie ist im Handelsregister einzutragen und besitzt drei Organe: Vorstand, Aufsichtsrat und Hauptversammlung. Das Mindeststammkapital beträgt 50.000 €.

Die AG wird nach außen durch den Vorstand, der zur Geschäftsführung befugt ist, vertreten. Die Gesellschafter (Aktionäre) besitzen in der Hauptversammlung Stimmrecht entsprechend ihrem Anteil am Aktienkapital. Die Hauptversammlung entscheidet über grundsätzliche Fragen und wählt die Mitglieder des Aufsichtsrates. Dieser bestellt und kontrolliert den Vorstand und wählt den Vorstandsvorsitzenden. Der Vorstand ist gegenüber dem Aufsichtsrat und der Hauptversammlung nicht weisungsgebunden.

Die Europäische Aktiengesellschaft (Societas Europeae, SE) ist eine Aktiengesellschaft europäischen Rechtes. Sie wird i. d. R. nur durch große, länderübergreifende Unternehmen genutzt.

Die Kommanditgesellschaft auf Aktien (KGaA) verbindet Elemente der Aktiengesellschaft und der Kommanditgesellschaft. Sie ist jedoch im Gegensatz zur KG eine Kapitalgesellschaft, enthält aber auch Merkmale einer Personengesellschaft. Die Aktionäre erfüllen die Rolle der Kommanditisten (Kommanditaktionäre), die mit ihrer Aktieneinlage haften. Die Gesellschafter*innen erfüllen die Rolle des Komplementärs und haften persönlich mit ihrem Vermögen. Die KGaA bietet die Vorteile einer Fremdfinanzierung durch Aktien und damit einer breiten Kapitalbasis, ohne die persönliche Entscheidungskompetenz der Gesellschafter abzugeben. Das macht sie auch für kleinere Unternehmen als Rechtsform interessant.

Organisatorisch besteht die KGaA wie die AG aus Vorstand, Aufsichtsrat und Hauptversammlung. Der Vorstand besteht aus den persönlich haftenden Gesellschafter*innen (Komplementär*innen), diese übernehmen auch die Geschäftsführung. Die Hauptversammlung besteht aus den Kommanditaktionär*innen. Der Aufsichtsrat vertritt die Kommanditaktionär*innen gegenüber den Komplementär*innen. Das notwendige Grundkapital zur Gründung einer KGaA beträgt wie bei der AG 50.000 €.

Eingetragene Genossenschaft (eG)

Die eingetragene Genossenschaft (eG) ist eine Vereinigung beliebig vieler Mitglieder und dient der Förderung der wirtschaftlichen, sozialen oder kulturellen Interessen ihrer Mitglieder durch einen gemeinsamen Geschäftsbetrieb (§ 1 GenG).

Die Genossenschaft an sich ist weder Personen- noch Kapitalgesellschaft sondern steht als »förderwirtschaftlicher Sonderverein« zwischen Kapitalgesellschaft und Verein. Der Rechtsnatur nach ist sie ein wirtschaftlicher Verein. Die Beteiligung an ihr ist personenbezogen, nicht kapitalbezogen, d. h. sie beruht auf der Mitgliedschaft, nicht auf der Kapitaleinlage. Mitglieder können natürliche oder juristische Personen sein. Die Haftung ist auf das Genossenschaftsvermögen begrenzt, sofern in der Satzung die Nachschusspflicht der Mitglieder im Falle der Insolvenz ausgeschlossen wird. Jedes Mitglied haftet dann nur mit seinem gezeichneten Genossenschaftsanteil.

Als juristische Person erfordert die Genossenschaft eine körperschaftliche Struktur und Organe. Die Organe der Genossenschaft sind der Vorstand, der Aufsichtsrat (ab 20 Mitgliedern) und die Generalversammlung. Sie besteht aus der Gesamtheit der Mitglieder. In ihr besitzt jedes Mitglied eine Stimme, unabhängig von der Höhe der Kapitaleinlage. Die Generalversammlung wählt den Vorstand (und ggf. den Aufsichtsrat). Der Vorstand übernimmt die Außenvertretung und Geschäftsführung, der Aufsichtsrat ggf. die Überwachung des Vorstandes.

Zur Gründung sind mindestens drei Mitglieder notwendig. Die Genossenschaft muss beim zuständigen Amtsgericht in das Genossenschaftsregister eingetragen werden. Die Eintragung kann auch nach der Gründung durch den jeweiligen Genossenschaftsverband erfolgen. Die Genossenschaft ist nach Genossenschaftsgesetz Kaufmann und damit zur Bilanzbuchführung verpflichtet. Es besteht eine Pflichtmitgliedschaft in einem anerkannten Prüfungsverband sowie eine Prüfungspflicht.

Dies ist ein zusätzlicher zeitlicher und finanzieller Aufwand. Der Prüfverband übernimmt jedoch eine wichtige Kontroll- und Aufsichtsfunktionen im Sinne der Mitglieder und steht mit weiteren Beratungsleistungen zur Verfügung. Das ermöglicht eine gute Transparenz. Durch diese institutionalisierte Kontrolle ist die Genossenschaft die Rechtsform mit dem geringsten Anteil an Insolvenzen.

Stiftung

Eine Stiftung ist im rechtlichen Sinn keine Körperschaft sondern eine zweckgebundene Vermögensmasse. Das Vermögen soll auf Dauer (der Definition nach auf Ewigkeit) erhalten werden und einem definierten Zweck dienen, in dem nur die Vermögenserträge zur Zweckerfüllung genutzt werden. Meist wird die Stiftung zu gemeinnützigen, mildtätigen oder kirchlichen Zwecken errichtet. Es werden die rechtsfähige Stiftung des bürgerlichen oder öffentlichen Rechts, die eine eigenständige juristische Person bildet, und die treuhänderische, nicht rechtsfähige Stiftung unterschieden. Stiftungsähnliche juristische Personen können außerdem in der Rechtsform der Stiftungs-GmbH, der Stiftungs-AG oder des Stiftungs-Vereins errichtet werden.

Die Stiftung hat keine Mitglieder und unterliegt der staatlichen Stiftungsaufsicht. Die rechtsfähige Stiftung wird nach außen vom Vorstand vertreten, es können per Satzung weitere Organe und Gremien wie Aufsichtsrat, Stiftungsrat, Verwaltungsrat oder Kuratorium eingerichtet werden. Steuerrechtlich werden Stiftungen als Körperschaften behandelt und unterliegen der Körperschaftssteuer, wenn sie nicht als gemeinnützig davon befreit sind.

Mischformen

Mit den beschriebenen Rechtsformen ergeben sich zahlreiche Möglichkeiten zur Kombination, die unterschiedliche Vorteile miteinander verbinden und besonderen Anforderungen gerecht werden.

Die bekannteste unter diesen Kombinationen ist die GmbH & Co. KG. Darin übernimmt die GmbH die Rolle des Komplementärs. Es entsteht eine beschränkte Haftung dieses Komplementärs. An die Stelle der GmbH kann auch eine UG (haftungsbeschränkt) treten, so dass eine UG & Co. KG entsteht. Sie kombiniert so die Vorteile einer KG (begrenzte Haftung der Kommanditist*innen) mit der begrenzten Haftung der GmbH. Die Anforderungen an die Gründung entsprechen denen von GmbH und KG. Sie muss ins Handelsregister eingetragen werden und erfordert eine Mindesteinlage von 25.000 €. Die Haftung entspricht der Höhe der Kapitaleinlage. Der Gewinnanteil der GmbH ist körperschaftssteuerpflichtig.

Weitere Kombinationen aus den genannten Rechtsformen sind:
GmbH & Still / GmbH & Co. GbR / AG & Co. KG / eG & Still / eG & Co. KG

Kurzübersicht über die Gesellschaftsformen

PERSONENGESELLSCHAFTEN

Gesellschaft bürgerlichen Rechts	GbR	§§ 705 ff. BGB	Die Gesellschafter verpflichten sich durch Gesellschaftsvertrag zur Förderung eines beliebigen Zwecks, der nicht auf den Betrieb eines Handelsgewerbes i.S.v. § 1 II HGB gerichtet ist (dann wird die GbR zur OHG). Alle Gesellschafter haften im Grundsatz persönlich und unbeschränkt.
Partnergesellschaft	PartG	Partnerschaftsgesetz (PartGG)	In der Partnerschaftsgesellschaft können sich Angehörige freier Berufe (Ärzte, Rechtsanwälte, Architekten etc.) zur gemeinsamen Berufsausübung zusammenschließen. Die Haftung für berufliche Fehler ist auf die Partner beschränkt, die den Auftrag bearbeiten.
Offene Handelsgesellschaft	oHG	§§ 105 f. HGB	Der Gesellschaftsvertrag ist auf den Betrieb eines Handelsgeschäfts unter gemeinschaftlicher Firma gerichtet. Alle Gesellschafter haften den Gläubigern der Gesellschaft gegenüber unbeschränkt persönlich.
Kommanditgesellschaft	KG	§§ 161 ff. HGB	Der Gesellschaftsvertrag ist auf den Betrieb eines Handelsgeschäfts unter gemeinschaftlicher Firma gerichtet. Es gibt zwei Gruppen von Gesellschaftern: Die Komplementäre haften für die Gesellschaftsverbindlichkeiten unbeschränkt persönlich, die Kommanditisten nur bis zur Höhe ihrer Haftsumme (Einlage).
GmbH & Co. KG		s.o. + GmbHG	Sonderform der KG, bei der die Stelle des Komplementärs von einer GmbH eingenommen wird. Die GmbH haftet zwar unbeschränkt persönlich, ist ihrerseits aber haftungsbeschränkt (s. u.). Die GmbH & Co. KG ist letztlich eine Personengesellschaft mit Haftungsbeschränkung.
Stille Gesellschaft		§§ 230 ff. HGB	Die stille Gesellschaft ist eine Innengesellschaft und tritt nicht im Rechtsverkehr nach außen auf. Der stille Gesellschafter leistet seine Einlage in das Vermögen des Geschäftsinhabers und erhält dafür eine Gewinnbeteiligung.
Europäische Wirtschaftliche Interessenvereinigung	EWIV	EWIV-Verordnung (EU) und EWIV-Ausführungsgesetz (D)	Die EWIV ist eine europarechtliche Gesellschaft mit Mitgliedern in mindestens zwei EU-Staaten. Sie soll die Kooperation über die nationalen Grenzen hinweg erleichtern und fördern aber nicht selbst Unternehmensträger sein. Sie ist eine rechtsfähige Personengesellschaft, die allerdings wegen der persönlichen Haftung ihrer Mitglieder in der Praxis selten vorkommt.

KÖRPERSCHAFTEN

Verein	e. V.	§§ 21 ff. BGB	Zusammenschluss von Personen, der auf einen beliebigen Zweck gerichtet ist und Rechtsfähigkeit durch die Eintragung im Vereinsregister erhält. Der Zweck darf beim e. V. allerdings nicht in einem wirtschaftlichen Geschäftsbetrieb bestehen (§ 21 BGB).
Gesellschaft mit beschränkter Haftung		GmbH GmbHG	Die GmbH kann zu jedem gesetzlich zulässigen Zweck gegründet werden. Sie entsteht als juristische Person durch die Eintragung im Handelsregister. Den Gläubigern haftet nur das Gesellschaftsvermögen. Die Gesellschafter sind mit Stammeinlagen am Stammkapital der Gesellschaft beteiligt.
Aktiengesellschaft	AG	§§ 1 ff. AktG	Die AG kann zu jedem gesetzlich zulässigen Zweck gegründet werden. Sie entsteht als juristische Person durch die Eintra gung im Handelsregister. Den Gläubigern haftet nur das Gesellschaftsvermögen. Das Grundkapital ist in Aktien zerlegt, mit denen die Aktionäre am Vermögen der Gesellschaft beteiligt sind.
Kommanditgesellschaft auf Aktien	KGaA	§§ 278 ff. AktG	Gesellschaft mit eigener Rechtspersönlichkeit (juristische Person), bei der mindestens ein Gesellschafter unbeschränkt persönlich haftet (Komplementär) und die übrigen an dem in Aktien zerlegten Grundkapital beteiligt sind, ohne persönlich für die Verbindlichkeiten der Gesellschaft zu haften (Kommanditaktionäre).
Genossenschaft	eG	GenG	Gesellschaft mit nicht geschlossener Mitgliederzahl, welche die Förderung des Erwerbs oder der Wirtschaft ihrer Mitglieder mittels gemeinschaftlichen Geschäftsbetriebs bezweckt.
Europäische Aktiengesellschaft	SE	SE-Verordnung (EU), SE-Richtlinie (EU), nationales Ausführungsgesetz	Die SE ist eine europarechtliche Gesellschaft, die ab 8.10.2004 grenzüberschreitend durch Gesellschaften in mindestens zwei EU-Staaten gegründet werden kann. Durch teilweise unterschiedliche nationale Ausführungsgesetze und ergänzende nationale Vorschriften handelt es sich nicht um eine in allen EU-Staaten vollkommen einheitliche Rechtsform

Quelle: Maydell, Olaf von; Skript zur Vorlesung »Steuerlehre und Gemeinnützigkeit«, WS 2012/13, Humboldt-Universität zu Berlin

Steuerrecht

Überblick über das Steuerrecht

Die wichtigsten Steuern, die im Zusammenhang mit dem Aufbau und der Planung einer solidarischen Landwirtschaft bzw. eines landwirtschaftlichen Betriebes von Bedeutung sind, sind die Einkommenssteuer, die Gewerbesteuer, die Körperschaftssteuer und die Umsatzsteuer (oder Mehrwertsteuer). Davon werden die ersten drei als Ertragsteuern bezeichnet, weil sie auf der Basis des Ertrages einer wirtschaftlichen Tätigkeit berechnet werden. Im buchhalterischen Sinn ist die Summe der Erträge abzüglich der Summe der Aufwendungen, also der Gewinn relevant. Die letzten drei Steuerarten können zusammenfassend als Unternehmensbesteuerung angesprochen werden.

Die Einkommenssteuer dient der Besteuerung des privaten Einkommens natürlicher Personen. Alle natürlichen Personen unterliegen der Einkommenssteuerpflicht (§ 1 EStG) und müssen sämtliche Einkünfte aus wirtschaftlicher Tätigkeit, aus abhängiger Beschäftigung und alle anderen Einkünfte versteuern. Kapitalgesellschaften (AG, KGaA, GmbH), Erwerbs- und Wirtschaftsgenossenschaften, Vereine und alle anderen juristischen Personen unterliegen dagegen nach § 1 KStG der Körperschaftssteuer. Die Körperschaftssteuer entspricht der Idee der Einkommensbesteuerung von Privatpersonen, übertragen auf Körperschaften, d. h. juristische Personen. Die Ertragsbesteuerung von Körperschaften erfolgt zweistufig. Die Gesellschaft zahlt auf ihren erwirtschafteten Gewinn Körperschaftssteuer. Soweit der Gewinn an die Gesellschafter ausgeschüttet wird, zahlen diese Einkommenssteuer auf die Einkünfte aus Kapitalvermögen.

Die Mehrwert- oder Umsatzsteuer ist dagegen eine Konsum- oder Verbrauchssteuer, die beim Erwerb von Gütern und Dienstleistungen anfällt und vom Unternehmer an das Finanzamt abgeführt wird. Sie besteuert den in einem Unternehmen geschaffenen Mehrwert. Ihre buchhalterische Grundlage ist der Umsatz, d. h. die Summe aller Einkünfte aus wirtschaftlicher Tätigkeit. Das Unternehmen kann die in den eingekauften Vorleistungen enthaltene Umsatzsteuer als Vorsteuerabzug geltend machen, d. h. vom Finanzamt zurückfordern. Die konkreten Regelungen sind insbesondere für die Landwirtschaft als auch für Kleinbetriebe wichtig, da hier zahlreiche vereinfachende Sonderregelungen gelten.

Die Gewerbesteuer orientiert sich ebenfalls am Ertrag eines Unternehmens (Einzelunternehmen, Personengesellschaft oder Kapitalgesellschaft, d. h. juristische Person) ist aber eine Gemeindesteuer, während Einkommenssteuer, Körperschaftssteuer und Umsatzsteuer Bundessteuern sind.

Steuerrechtliche Grundlagen sind in der Abgabenordnung (AO), im Handelsgesetzbuch (HGB), im Einkommenssteuergesetz (EStG) und der Einkommenssteuerdurchführungsverordnung (EStDV) sowie im Körperschaftssteuergesetz (KStG), im Umsatzsteuergesetz (UStG) und Gewerbesteuergesetz (GewStG) geregelt. Weitere Gesetze sind für spezielle Fragen relevant.

Buchführung und Gewinnermittlung

Die Einkommensermittlung für Privatpersonen und die Ertragsbestimmung von Körperschaften ist ein zentraler Punkt für die Bestimmung der Steuern. Sie stehen in engem Verhältnis zur Buchführung und Gewinnermittlung, bzw. leiten sich davon ab. Die Buchführungspflichten und die Methoden der Gewinnermittlung können sich jedoch unterscheiden. Es existieren Vorgaben für bestimmte Rechtsformen oder wirtschaftliche Tätigkeiten (z. B. Gewerbe). Einige Rechtsformen sind zu bestimmten Methoden der Gewinnermittlung (Buchführungspflicht und Bilanzierung) verpflichtet. Das ist mit unterschiedlichem Aufwand verbunden. Es existieren auch verschiedene Sonderregelungen und Vereinfachungen für die Landwirtschaft (u. a.).

Der Gewinn ist »der Unterschiedsbetrag zwischen dem Betriebsvermögen am Schluss des Wirtschaftsjahres und dem Betriebsvermögen am Schluss des vergangenen Wirtschaftsjahres, vermehrt um den Wert der Privatentnahmen und vermindert um den Wert der Privateinlagen.« (Bestandsvergleich = Bilanz nach § 4 Abs. 1 EStG). Dies entspricht rechnerisch dem buchhalterischen Gewinnbegriff: »Gewinn ist der Saldo aus den Erträgen und Aufwendungen der Gewinnermittlungsperiode«.

Darin kommen bereits zwei grundsätzliche Gewinnermittlungsmethoden zum Ausdruck, nämlich der Bestandsvergleich (Vermögensbilanz) und die Ertrags-Aufwands-Rechnung. Diese können hier leider nicht weiter erklärt werden, da dies den Umfang dieser Einführung überschreiten würde. Auch die Unterschiede zwischen den buchhalterischen Begriffen Einnahmen-Ausgaben und Ertrag-Aufwand sollen hier nicht weiter behandelt werden. Letztlich führen Vermögensvergleich (Bilanz) und Ertrags-Aufwandsrechnung zum gleichen Ergebnis, dem unternehmerischen Gewinn. Überschlägige Schätzmethoden, z. B. nach Durchschnittssätzen im Rahmen einer vereinfachten Gewinnermittlung ohne Buchhaltung in der Landwirtschaft oder bei einer Gewinnschätzung durch das Finanzamt, können im Einzelfall für den Betrieb vor- oder nachteilhaft sein. Sie dienen der Vereinfachung wenn keine betrieblichen Daten vorliegen.

Grundsätzlich kommen folgende Methoden der Gewinnermittlung in Frage:

a) Betriebsvermögensvergleich nach HGB (§ 5 EStG)
bzw. nach EStG (§ 4 Abs. 1 EStG)

b) Einnahme-Überschuss-Rechnung (§ 4 Abs. 3 EStG), sie beruht auf der Einnahmen-Ausgaben-Rechnung bzw. Ertrags-Aufwandsrechnung und wird von Freiberuflern angewandt

c) Anwendung von Durchschnittssätzen (§ 13a Abs. 1 EStG), überschlägige und vereinfachte Gewinnermittlung ohne Buchhaltung für land- und forstwirtschaftliche Betriebe

d) Schätzung des Gewinns nach AO (§ 13a AO) bei Gewinnermittlung durch das Finanzamt ohne betriebliche Datengrundlage

Ein Bestandsvergleich (Vermögensbilanz) (§ 5 EStG) ist durch Gewerbetreibende zu erstellen, die entweder verpflichtet sind, Bücher zu führen und regelmäßige Abschlüsse zu machen, oder die ohne rechtliche Verpflichtungen freiwillig Bücher führen und Abschlüsse machen. Wer nach anderen als steuerlichen Gesetzen Bücher und Aufzeichnungen führen muss, muss diese auch für steuerliche Zwecke als Berechnungsgrundlage nutzen (§ 140 AO).

Davon sind z. B. alle oHG und KG betroffen, die nach § 6 HGB als Kaufleute gelten. Für Aktiengesellschaften, GmbH und Genossenschaften ergeben sich weitere Buchführungspflichten aus den §§ 264 ff. und 336 ff. HGB sowie §§ 150 ff. AktG und § 41 GmbHG.

Freiberufler unterliegen nicht der Buchführungspflicht. Für sie kommt entweder eine freiwillige Gewinnermittlung nach § 4 Abs. 1 EStG oder mit Hilfe der Einnahme-Überschussrechnung nach § 4 Abs. 3 EStG in Frage. Führen sie die zur Gewinnermittlung notwendigen Aufzeichnungen nicht, so schätzt das Finanzamt ihren Gewinn gemäß § 162 AO nach den Grundsätzen des § 4 Abs. 1 EStG.

Zusammenfassende Gewinnermittlungsmethode für Nicht-Landwirte:

1.) Buchführung und Bilanzierung (Bestandsvergleich) nach § 5 EStG, wenn Kaufmann nach HGB oder für alle Kapitalgesellschaften

2.) Buchführung und Bilanzierung (Bestandsvergleich) nach § 4 Abs. 1 EStG bei Gewerbebetrieb mit Gewinn über 50.000 € pro Jahr oder Umsatz über 500.000 € pro Jahr

3.) Einnahme-Überschussrechnung (§ 4 Abs. 3 EStG), wenn Grenzen zu 2.) nicht überschritten sind und für alle Freiberufler (§ 18 EStG)

4.) Schätzung des Gewinns (§ 162 AO) falls ein Buchführungspflichtiger der Buchführungspflicht nicht nachkommt oder ein nichtbuchführungspflichtiger und nicht unter § 13a EStG fallender Steuerpflichtiger keine Überschussrechnung vorlegt.

Landwirtschaft im Steuerrecht

Landwirtschaft wird im Steuerrecht definiert (§ 13 Abs. 1 und 2 EStG) und gegen andere Tätigkeiten abgegrenzt und in einiger Hinsicht gesondert betrachtet. Einkünfte aus Land- und Forstwirtschaft sind Einkünfte aus dem Betrieb von Landwirtschaft, Forstwirtschaft, Weinbau, Gartenbau, Obstbau, Gemüsebau, Baumschulen etc. Auch Einkünfte aus der Tierhaltung und Tierzucht gehören dazu, solange ein bestimmter Viehbesatz je Hektar landwirtschaftlicher Fläche nicht überschritten wird, andernfalls liegt eine gewerbliche Tierhaltung vor. Dies wird in der solidarischen Landwirtschaft in der Regel nicht der Fall sein. Eine weitere Abgrenzung findet gegen die Liebhaberei statt. Diese liegt vor, wenn keine Gewinnerzielungsabsicht besteht. Auch gegen die Vermögensverwaltung ist die Landwirtschaft abgegrenzt. Diese liegt z. B. bei der Verpachtung eines Betriebes oder landwirtschaftlicher Flächen vor. Von besonderer Bedeutung ist die Abgrenzung vom Gewerbe, weil davon Buchhaltungspflichten und die Gewinnermittlungsmethode betroffen sind. Ein landwirtschaftlicher Betrieb kann aufgrund der Rechtsform oder aufgrund seiner Tätigkeiten als Gewerbe eingeordnet sein (s. u.).

Von besonderer Bedeutung sind darüber hinaus die Sonderregelungen für die Landwirtschaft in der Umsatzsteuer. Hier bestehen mit der Wahlmöglichkeit zwischen Pauschalierung der Umsatzsteuer und der Option zur Regelbesteuerung ein Gestaltungsspielraum und gleichzeitig eine Vereinfachung der Aufzeichnungspflicht. Auch die Sonderregelungen in der Gewinnermittlung zur Einkommenssteuer sind zu erwähnen. Diese ermöglichen die Gewinnermittlung und Besteuerung nach Durchschnittssätzen, was mit einer reduzierten Buchführungspflicht verbunden ist. Diese Details werden weiter unten dargestellt.

Abgrenzung der Landwirtschaft vom Gewerbe aufgrund der Rechtsform

Aufgrund zahlreicher Sonderregelungen und Vorzüge für landwirtschaftliche Betriebe ist die Abgrenzung der Land- und Forstwirtschaft vom Gewerbe wichtig. Ein Gewerbebetrieb kann aufgrund der Rechtsform oder aufgrund der tatsächlichen Betätigung vorliegen.

Ein Gewerbebetrieb aufgrund der Rechtsform liegt vor, wenn der land- und forstwirtschaftliche (LuF) Betrieb als Kapitalgesellschaft (AG, KGaA, GmbH, s.u.) oder als Erwerbs- oder Wirtschaftsgenossenschaft (§ 2 Abs. 2 GewStG) geführt wird. Eine GmbH & Co. KG ist stets ein Gewerbebetrieb, wenn ausschließlich die GmbH persönlich haftet und diese oder Personen, die nicht Gesellschafter sind, die Geschäftsführung ausüben (gewerblich geprägte Personengesellschaft nach § 15 Abs. 3 Nr. 2 EStG). Eine gemeinschaftliche Tierhaltung kann auch der Landwirtschaft zugerechnet werden, wenn sie in der Rechtsform einer Erwerbs- oder Wirtschaftsgenossenschaft oder eines Vereins, nicht aber in der Rechtsform einer Kapitalgesellschaft betrieben wird (§ 51a BewG). Gewerbebetriebe kraft Rechtsform, die aber die Merkmale eines LuF Betriebes erfüllen, können dennoch unter gewissen Umständen steuerliche und weitere Vergünstigungen erhalten, die landwirtschaftlichen Betrieben zur Verfügung stehen.

Ein landwirtschaftlicher Betrieb in der Rechtsform einer Personengesellschaft (GbR, OHG, KG) ist kein Gewerbebetrieb kraft Rechtsform. Das trifft auch zu für eine GmbH & Co. KG, wenn neben der GmbH als persönlich haftender Gesellschafter noch ein Kommanditist die Geschäftsführung ausübt. Bodenabhängige Tierhaltung (§ 13 Abs. 1 Nr.1 EStG), deren Futterbedarf überwiegend vom Betrieb gewonnen wird gehört zur Land- und Forstwirtschaft.

Einzelfragen zur Abgrenzung zwischen Land- und Fortwirtschaft zum Gewerbe sind in den Einkommensteuerlichen Richtlinien des Bundesfinanzministeriums geregelt. Für weitere Details und aktuelle Entwicklungen der Abgrenzung von landwirtschaftlichen und gewerblichen wirtschaftlichen Aktivitäten ist ein landwirtschaftlich erfahrener Steuerberater hinzu zu ziehen, zum Beispiel über den Hauptverband der landwirtschaftlichen Buchhaltungsstellen und Sachverständigen e. V. (HLBS).

Buchführungspflicht und Gewinnermittlung in der Landwirtschaft

Land- und Forstwirte unterliegen nach § 141 AO, solange sie nicht der Aufzeichnungs- und Buchführungspflicht nach anderen Gesetzen (§ 140 AO) unterliegen, seit 1.1.2016 einer steuerlichen Buchführungspflicht erst ab:

- einem Gesamtumsatz von mehr als 600.000 € oder
- einer selbstbewirtschafteten land- und forstwirtschaftlichen Fläche mit einem Wirtschaftswert von mehr als 25.000 € oder
- einem Gewinn aus Land- und Forstwirtschaft oder Gewerbebetrieb von mehr als 60.000 €

Dabei ist der Wirtschaftswert ein steuerlicher Ertragswert für den Wirtschaftsteil eines Land- und Forstwirtschaftlichen Betriebes und berechnet sich nach dem Bewertungsgesetz (BewG, § 46).

Landwirtschaftliche Betriebe ermitteln ihren Gewinn grundsätzlich nach den gleichen Grundsätzen wie andere Unternehmen, mit zwei wichtigen Unterschieden. Ein landwirtschaftlicher Betrieb begründet keine Kaufmannseigenschaft, so dass Landwirte niemals nach HGB buchführungspflichtig werden.

Ist eine Land- und Forstwirt (oder ein Gewerbetreibender) nicht zur Buchführung verpflichtet und führt auch nicht freiwillig Bücher, kann er seinen Gewinn durch eine Einnahme-Überschussrechnung nach § 4 Abs. 3 EStG bestimmen. Führt er die dafür entsprechenden Aufzeichnungen der Einnahmen und Ausgaben nicht, so schätzt das Finanzamt seinen Gewinn gemäß § 162 AO nach den Grundsätzen der Gewinnermittlung des § 4 Abs. 1 EStG. Im Weiteren gibt es mit dem § 13a EStG eine Gewinnermittlungsmethode (nach Durchschnittssätzen) ausschließlich für die Landwirtschaft.

Die **Gewinnermittlung nach Durchschnittssätzen** (§ 13a EStG) findet eine breite Anwendung bei Kleinbetrieben in der Land- und Forstwirtschaft. Bei diesem Verfahren wird nicht der tatsächliche Gewinn ermittelt, sondern ein für Größe und Struktur charakteristischer Gewinn. Dieses vereinfachte Gewinnermittlungsverfahren wurde Anfang 2015 neu geregelt. Die bisherige Anknüpfung an die Einheitsbewertung entfällt. Für die landwirtschaftliche Nutzung wird ein einheitlicher Gewinn in Höhe von 350 € pro ha selbstbewirtschafteter Fläche angesetzt (Grundbetrag), ab 26 Vieheinheiten (VE) kommen 300 € pro Vieheinheit hinzu. Pro Sondernutzung werden jeweils pauschal 1.000 € Gewinn hinzugerechnet.

Voraussetzungen für die Anwendung der Methode sind:

- der Steuerpflichtige ist nicht zur Buchführung verpflichtet
- die selbstbewirtschaftetet Fläche liegt nicht über 20 ha
- Die selbstbewirtschaftete forstwirtschaftliche Fläche darf nicht mehr als 50 ha umfassen.
- Tierbestände überschreiten nicht 50 Vieheinheiten
- Nichtüberschreitung von Grenzwerten der selbstbewirtschafteten Sondernutzungen

In diesem Fall berechnet sich der Durchschnittsgewinn aus der Summe von:

- Grundbetrag (350 €)
- Zuschlägen für Tierhaltung (300 € pro GVE, ab der 26. GVE)
- Zuschlägen für Sondernutzungen
- Vereinnahmten Miet- und Pachtzinsen
- Vereinnahmten Kapitalerträgen
- Gewinnen aus der Veräußerung von immateriellen Wirtschaftsgütern (z. B. Lieferrechte) und Beteiligungen (z. B. Genossenschaftsanteile)

Von diesen werden abgezogen:

- Verausgabte Miet- und Pachtzinsen
- Schuldzinsen, die Betriebsausgaben sind

Der Steuerpflichtige ist nicht an die Gewinnermittlung nach Durchschnittssätzen gebunden. Er kann nach § 13a (2) EStG auch zur Gewinnermittlung durch Betriebsvermögensvergleich (Bilanz) oder nach § 4 (3) EStG (Einnahme-Überschussrechnung) optieren. An diese Option ist er vier Jahre gebunden.

Zusammenfassend ergeben sich für die Land- und Forstwirtschaft vier verschiedene Methoden der Gewinnermittlung:

1.) Buchführung (Bilanz) nach § 4 Abs. 1 EStG, wenn der Wirtschaftswert (§ 46 BewG) größer 25.000 € oder der Gewinn größer 60.000 € pro Jahr oder der Umsatz größer 600.000 € pro Jahr liegt oder wenn freiwillig nach § 13a (2) EStG zur Buchführung optiert wird

2.) Einnahme-Überschussrechnung (§ 4 Abs. 3 EStG), wenn Grenzen zu 1.) nicht überschritten aber Grenzen zu 4.) überschritten sind oder freiwillig nach § 13a (2) EStG zur Überschussrechnung optiert wird

3.) Schätzung des Gewinns (§ 162 AO), wenn ein Buchführungspflichtiger seiner Pflicht nicht nachkommt oder ein nichtbuchführungspflichtiger und nicht unter § 13a EStG fallender Landwirt keine Überschussrechnung vorlegt.

4.) Gewinnermittlung nach Durchschnittssätzen (§ 13a EStG), wenn die selbstbewirtschaftete Landfläche kleiner als 20 ha ist und der Tierbestand unter 50 Vieheinheiten liegt.

Gemeinnützigkeit

Eine grundlegende Sache soll hier vorweg gestellt werden. **Gemeinnützigkeit ist kein ideeller, sondern ein rein steuerrechtlicher Tatbestand.** Die Anerkennung der Gemeinnützigkeit wird bei vielen Neugründungen in der solidarischen Landwirtschaft vor allem mit der Wahl der Rechtsform eines Vereins angestrebt. Dies ist in den allermeisten Fällen jedoch weder notwendig noch sinnvoll, im Gegenteil kann daraus sogar eine Kollision unterschiedlicher Interessen entstehen.

Die Anerkennung einer Gemeinnützigkeit ist dann sinnvoll, wenn primär Zwecke, die nach § 52 AO als gemeinnützig anerkannt werden, umgesetzt werden sollen. Solidarische Landwirtschaft kann in vielen Fällen ein wichtiges und gutes Mittel zur Erreichung unterschiedlicher gemeinnütziger Zwecke sein, ist aber nicht selbst gemeinnützig. Insbesondere ein gemeinnütziger Betriebsträger für die Landwirtschaft ist zwar möglich, aber meist nicht notwendig und von daher nur in bestimmten Ausnahmefällen zu empfehlen. Auch wenn die Verbrauchergemeinschaft sich in einem Verein organisiert, ist die Gemeinnützigkeit meist nicht sinnvoll.

Gemeinnützige Körperschaften

Grundsätzlich können alle Körperschaften als gemeinnützig anerkannt werden. Besondere Bedeutung haben jedoch Vereine und Stiftungen, in einigen Fällen auch die gemeinnützige GmbH (gGmbH). Eine natürliche Person oder eine Personengesellschaft kann dagegen niemals als gemeinnützig anerkannt werden. Die Gemeinnützigkeit ist gebunden an den Zweck, den eine Körperschaft verfolgt. Gemeinnützige Körperschaften kommen in den Genuss von zahlreichen steuerlichen Vergünstigungen. Sowohl der eingetragene (e. V.) als auch der nicht eingetragene Verein (n. e. V.) können gemeinnützig sein, jedoch nicht der wirtschaftliche Verein. Ein gemeinnütziger Verein kann jedoch eine wirtschaftliche Tätigkeit zur Erfüllung des gemeinnützigen Zweckes ausüben (Zweckbetrieb). Eine Stiftung ist eine Körperschaft, die mit Hilfe ihres Vermögens (oft) einen gemeinnützigen, mildtätigen oder kirchlichen Zweck verfolgt. Nicht-gemeinnützige Stiftungen genießen keine steuerlichen Vorteile. Ihre Einkünfte unterliegen wie bei allen anderen Körperschaften der Körperschafts- und Gewerbesteuer.

Ertragsbesteuerung bei Gemeinnützigkeit

Körperschaften, die ausschließlich (und unmittelbar) gemeinnützige, mildtätige oder kirchliche Zwecke verfolgen, können nach §§ 51 bis 68 AO Steuervergünstigungen in Anspruch nehmen.
Die Gemeinnützigkeit kann beim Finanzamt beantragt werden. Sie wird in der Regel anerkannt, wenn die satzungsgemäße und tatsächliche Tätigkeit dem oder den gemeinnützigen Zwecken entspricht. Eine Körperschaft verfolgt gemeinnützige Zwecke, wenn ihre Tätigkeit darauf ausgerichtet ist, die Allgemeinheit auf materiellem, geistigem oder sittlichem Gebiet selbstlos zu fördern (§ 52 AO). In § 52 (2) AO sind die darunter fallenden Tätigkeiten abschließend aufgezählt.

Mildtätigkeit ist eine spezielle Form der Gemeinnützigkeit, die auf die selbstlose Unterstützung bedürftiger Personen ausgerichtet ist. Kirchliche Zwecke werden verfolgt, wenn die Tätigkeit auf die Förderung einer Religionsgemeinschaft, die Körperschaft des öffentlichen Rechtes ist, ausgerichtet ist.

Folgende Vorteile sind mit der Anerkennung der Gemeinnützigkeit verbunden:

- Befreiung der Einnahmen von der Körperschafts- und Gewerbesteuer
- Finanzierung der Tätigkeit durch steuerlich abzugsfähige Spenden; Ausstellung von Zuwendungsbescheinigungen.
- Ermäßigung des Umsatzsteuersatzes für manche Leistungen auf 7%.
- Vergünstigungen im Erbschaftssteuerrecht und bei der Grundsteuer
- Steuerfreiheit bestimmter nebenberuflicher Einnahmen bis 2.100 € nach § 3 Nr. 26 EStG (für Personen, die gegenüber der Körperschaft Leistungen erbringen)

Für die Ertragsbesteuerung gemeinnütziger Körperschaften ist zwischen **vier verschiedenen Bereichen der Tätigkeit** zu trennen:

- Ideeller Bereich (steuerfrei)
- Vermögensverwaltung (steuerfrei)
- Zweckbetrieb (zur Erfüllung des ideellen Zwecks, steuerfrei)
- Wirtschaftlicher Geschäftsbetrieb (steuerpflichtig)

Im ideellen Bereich stammen die Einnahmen aus Spenden und Zuwendungen. Ausgaben fließen in die satzungsgemäße Tätigkeit. Dies ist die gemeinnützige Tätigkeit im engeren Sinne.

Im Bereich der Vermögensverwaltung und dem Zweckbetrieb sind gemeinnützige Körperschaften von der Körperschaftssteuer und der Gewerbesteuer befreit (§ 5 (1) Nr. 9 KStG, § 3 Nr. 6 GewStG). Wenn gemeinnützige Körperschaften über Vermögen (z. B. aus Erbschaften oder zulässige Rücklagenbildung) verfügen, dann sind Einkünfte aus diesem Vermögen der Vermögensverwaltung zuzuordnen und für Satzungszwecke zu verwenden.

Wenn Einnahmen aus der satzungsgemäßen Tätigkeit entstehen, z. B. beim Verkauf im Rahmen der Zweckerfüllung hergestellter Produkte, dann sind die entsprechenden Einnahmen und Ausgaben dem Zweckbetrieb zuzuordnen. Auch diese Einnahmen sind von der Körperschafts- und Gewerbesteuer ausgenommen.

Ausgenommen von der Befreiung von der Körperschafts- und Gewerbesteuerbefreiung, d. h. in vollem Maße steuerpflichtig, ist der wirtschaftliche Geschäftsbetrieb einer gemeinnützigen Körperschaft. Das ist der Fall, wenn eine gemeinnützige Körperschaft einer allgemeinen Wirtschaftstätigkeit nachgeht, die nicht direkt der Zweckerfüllung dient. Da die Abgrenzung manchmal schwierig ist, darf der wirtschaftliche Geschäftsbetrieb für die Körperschaft nicht prägend sein, sonst verliert diese ihre Gemeinnützigkeit. Auch dürfen aus dem wirtschaftlichen Geschäftsbetrieb keine dauerhaften Verluste entstehen. Andernfalls riskiert die Körperschaft ebenfalls den Verlust der Gemeinnützigkeit.

Damit nicht schon geringe Einnahmen die Steuerpflicht im wirtschaftliche Geschäftsbetrieb auslösen, existiert eine Zweckbetriebsgrenze (§ 64 (3) AO) von 35.000 € Einnahmen (Umsatz), bis zu der keine Besteuerung ausgelöst wird. Darüber hinaus existiert der Freibetrag von 5.000 € für Körperschafts- und Gewerbesteuer für gemeinnützige Körperschaften (§ 11 (1) Satz 3 Nr. 2 GewStG).

Einkommenssteuer

Einkommenssteuerpflichtig sind alle natürlichen Personen. Der Einkommenssteuer unterliegt dabei die Summe sämtlicher Einkünfte. Deshalb ist die Berechnung des Gesamteinkommens der erste Schritt zur Ermittlung der Einkommenssteuer. Ein Steuerpflichtiger kann Einkünfte aus mehreren Einkunftsarten beziehen. Die in § 1 Abs. 2 EStG genannten sieben Einkunftsarten sind:

- Einkünfte aus Land- und Forstwirtschaft
- Einkünfte aus Gewerbebetrieb
- Einkünfte aus selbständiger Arbeit
- Einkünfte aus nichtselbständiger Arbeit
- Einkünfte aus Kapitalvermögen
- Einkünfte aus Vermietung und Verpachtung
- Sonstige Einkünfte

Einkommensberechnung und Steuerermittlung

Bei der Ermittlung des Einkommens können zahlreiche Abzüge, Entlastungs- und Freibeträge geltend gemacht und Verluste zwischen Einkommensarten und Jahren verrechnet werden. Selbständige müssen ihre Einkünfte als Einzelunternehmer als auch ihren Anteil am Ertrag einer Personengesellschaft versteuern.

Bei Personengesellschaften ist deshalb eine »einheitliche und gesonderte Gewinnfeststellung« vorzunehmen, d. h. Personengesellschaften ermitteln entsprechend ihrer Gewinnermittlungsmethode ihren Gewinn und teilen diesen und die beteiligten Gesellschafter dem zuständigen Finanzamt mit. Dieses teilt den entsprechenden Wohnsitzfinanzämtern der Gesellschafter die Einkünfte aus ihrem Anteil an der Personengesellschaft mit, so dass diese in die Berechnung der Einkommenssteuer einfließen.

Die Ermittlung der Steuerschuld erfolgt durch die Anwendung des Steuersatzes auf das zu versteuernde Einkommen. Der Grundfreibetrag liegt bei 8.652 € (2016) unterhalb dessen keine Einkommenssteuer entrichtet werden muss. Der Eingangssteuersatz liegt bei 14 % (2016). Der Steuersatz steigt anschließend progressiv bis 53.666 € (2016) auf 42 % des zu versteuernden Einkommens an. Über 254.477 € (2016) springt der Steuersatz auf 45 % (Spitzensteuersatz). Bei Ehepaaren kommt das Ehegattensplitting zur Geltung.

Das Verfahren der Steuerhebung und des Steuerbescheids wird hier nicht behandelt. Von zentraler Bedeutung ist die Einhaltung von Fristen beim Einspruch gegen Steuerbescheide. Sie entscheidet über Möglichkeiten der rückwirkenden Korrektur.

Einzelne Erfassung aller Einkunftsarten

Summierung zum Gesamtbetrag

- Abzug des Entlastungsbetrages für Alleinerziehende (§ 24b EStG)
- Abzug des Freibetrages für Land- und Forstwirte (§ 13 Abs. 3 EStG)

= Gesamtbetrag der Einkünfte

Gewinn- und Verlustausgleich aus Einkunftsarten (§ 2 Abs. 3 EStG)

- Verlustabzug, Verrechnung verschiedener Veranlagungszeiträume
- Abzug von Sonderausgaben (§§ 10a, 10b, 10d–h EStG)
- Abzug von außergewöhnlichen Belastungen (§§ 33 bis 35b EStG)

= Einkommen (nach § 2 Abs. 4 EStG)

- Abzug von Kinderfreibeträgen (§§ 31, 32 Abs. 6 EStG)
- Härteausgleich (§ 46 Abs. 3 EStG, § 70 EStGDV)

= zu versteuerndes Einkommen (nach § 2 Abs. 5 EStG)

Einkommensteuer: Schematische Abfolge zur Ermittlung des zu versteuernden Einkommens.

Steuerbegünstigte (gemeinnützige) Körperschaften dürfen Spendenbescheinigungen (»Zuwendungsbestätigung«) ausstellen. Spenden und Mitgliedsbeiträge zur Förderung gemeinnütziger Zwecke dürfen bei der Ermittlung des zu versteuernden Einkommens abgezogen werden, reduzieren also die Steuerlast des Spenders. Zuwendungen können nur begrenzt auf maximal 20 % des Gesamtbetrages der Einkünfte abgezogen werden. Der Steuerpflichtige darf grundsätzlich auf die Richtigkeit der Zuwendungsbestätigung vertrauen. Die Zuwendungsbestätigung muss deshalb einem amtlich vorgeschriebenem Vordruck entsprechen (§ 50 (1) EStG). Wer vorsätzlich oder unrichtig eine unrichtige Bestätigung ausstellt oder Zuwendungen nicht zu den angegebenen steuerbegünstigten Zwecken verwendet, haftet dafür (§ 10b (4) EStG).

Körperschaftssteuer

Die Körperschaftssteuer bemisst sich nach § 7 (1) KStG aus dem zu versteuernden Einkommen einer juristischen Person. Dieses ist nach § 8 (1) KStG nach den Vorschriften des Einkommenssteuergesetzes unter Berücksichtigung zusätzlicher Vorschriften des Körperschaftssteuergesetzes zu ermitteln. **Dabei gelten alle Einkünfte als Einkünfte aus Gewerbebetrieb (§ 8 (2) KStG).** Sonderregelungen für die Landwirtschaft entfallen deshalb bei der Bestimmung der Körperschaftssteuer.

Die Berechnung der Körperschaftssteuer ist etwas komplexer, deshalb soll sie hier nicht im Detail aber in den Grundzügen und mit Verweis auf die entsprechenden rechtlichen Grundlagen dargestellt werden.

Bemessungsgrundlage der Körperschaftssteuer ist das zu versteuernde Einkommen (§ 7 Abs. 1 KStG). Das Einkommen leitet sich aus der Handelsbilanz ab. Dem Handelsbilanzergebnis werden alle nichtabziehbaren Aufwendungen sowie verdeckte Gewinnausschüttungen (§ 8 (3) KStG) hinzugerechnet. Nichtabziehbare Aufwendungen sind z. B. Betriebsausgaben nach § 4 (5) EStG, die Aufwendungen des § 10 KStG (gezahlte Steuern und Geldbußen) und Spenden, die die Grenzen nach § 9 (1) Nr. 2 KStG übersteigen

Die Hälfte der Entgelte für Kontrollorgane wie Aufsichtsrat, Verwaltungsrat u. a. sind ebenfalls nicht abzugsfähig. Im Ergebnis entsteht das zu versteuernde Einkommen. Dieses ist mit dem allgemeinen Körperschaftssteuersatz von 15 % (§ 23 (1) KStG) zu versteuern.

Einige Körperschaften sind durch Steuerfreibeträge nach §§ 24, 25 KStG begünstigt. Kapitalgesellschaften fallen nicht darunter. Der Freibetrag nach § 24 KStG (5.000 €) steht bestimmten Vereinen und Stiftungen zu. Nach § 25 (1) KStG können Erwerbs- und Wirtschaftsgenossenschaften und Vereine, die Land- und Forstwirtschaft betreiben, in den ersten 10 Jahren einen Freibetrag von 15.000 € geltend machen.

Handelsbilanzergebnis (Ausgangsbasis)

Korrekturen nach EStG oder KStG:

+ Betriebsausgaben	(nach § 4 Abs. 5 EStG)
− steuerfreie Vermögensvermehrung	
+ Steuern vom Einkommen	(§ 10 Nr. 2 KStG)
+ USt für Eigenverbrauch	(§ 10 Nr. 2 KStG)
+ Geldbußen u. ä.	(§ 10 Nr. 3 KStG)
+ ½ der Aufsichtsratsvergütung	(§ 10 Nr. 4 KStG)
+ verdeckte Gewinnausschüttungen	(§ 8 (3) KStG)
+ sämtliche Spenden (zur Ermittlung der Spendenhöchstmenge)	

= Einkommen

− abziehbare Spenden	(§ 9 Abs. 1 Nr. 2 KstG)
− Verlustabzug	

= zu versteuerndes Einkommen

Körperschaftssteuer: Schematische Abfolge zur Ermittlung des zu versteuernden Einkommens.

Gewerbesteuer

Der Gewerbesteuer unterliegen ausschließlich inländische Gewerbebetriebe. Der Definition des Gewerbes kommt eine besondere Bedeutung zu. Wie erwähnt kann ein Gewerbebetrieb durch seine gewerbliche Betätigung oder aufgrund seiner Rechtsform entstehen. Die Gewerbesteuer ist eine Gemeindesteuer, d. h. die Gemeinde legt den Hebesatz fest und die Steuer kommt ihr zugute.

Nach dem Einkommenssteuergesetz (§ 15 (2) EStG) liegt ein Gewerbebetrieb aufgrund einer gewerblichen Betätigung vor, wenn folgende Eigenschaften vorliegen:

- Selbständigkeit
- Nachhaltigkeit
- Gewinnerzielungsabsicht
- Beteiligung am allgemeinen wirtschaftlichen Verkehr
- keine Land- und Forstwirtschaft
- keine selbständige Arbeit nach § 18 EStG
- keine Vermögensverwaltung des eigenen Vermögens.

Einzelunternehmen und Personengesellschaften können also, müssen aber nicht, gewerblich tätig sein. Betreibt eine Person oder Personengesellschaft ausschließlich Land- und Forstwirtschaft, hat sie keine gewerblichen Einkünfte.

Ein Gewerbebetrieb kraft Rechtsform (§ 2 (2) GewStG) liegt vor bei Kapitalgesellschaften (z. B. AG, KGaA, GmbH) und Erwerbs- und Wirtschaftsgenossenschaften. Dadurch ist es möglich, dass auch landwirtschaftliche Unternehmen gewerbesteuerpflichtig werden. Wie bei der Körperschaftssteuer ist der Ausgangspunkt der Gewerbesteuerermittlung der nach den Vorgaben des EStG oder des KStG bestimmte betriebliche Gewinn.

Betrieblicher Gewinn (nach §§ 4, 5 EStG oder § 8 KStG)

Korrekturen nach EStG

Nach § 12 EStG (Aufwendungen für Lebensführung, Steuern vom Einkommen)	
Nach § 4 EStG (Schuldzinsen, Geschenke, Geldbußen und Ordnungsgelder, Gewerbesteuer)	

Korrekturen nach KStG

½ der Ausichtsratsvergütung	(§ 10 Nr. 4. KStG)

= Gewerbeertrag (§ 7 GewStG)

– abziehbare Spenden	(§ 9 Abs. 1 Nr. 2 KstG)
– Verlustabzug	

= maßgeblicher Gewerbeertrag (§ 10 GewStG)

– Abzug des Freibetrages für Personengesellschaften nach § 11(1) Nr. 1 GewStG (24.500 €)

= gekürzter Gewerbeertrag

× Multiplikation mit Steuermesszahl (3,50 %)

= Steuermessbetrag

= Gewerbesteuerbetrag

Körperschaftssteuer: Schematische Abfolge zur Ermittlung des zu versteuernden Einkommens.

Aus diesem wird durch Korrekturen nach § 4 und § 12 EStG und KStG der Gewerbeertrag ermittelt (§§ 7 bis 11 GewStG). Nach § 8 GewStG sind Hinzurechnungen (Mieten, Zinsen für Verbindlichkeiten, Lizenzen u. a.) und anschließend nach § 9 GewStG Kürzungen durchzuführen. Vom entstehenden maßgeblichen Gewerbeertrag ist bei Einzelunternehmen und Personengesellschaften ein Freibetrag (24.500 €) abzuziehen. Der entstehende gekürzte Gewerbeertrag bildet dann die Besteuerungsgrundlage.

Durch Multiplikation mit der Steuermesszahl (3,5 %) ergibt sich der Gewerbesteuermessbetrag. Dieser wird mit dem Hebesatz (je nach Gemeinde zwischen 350 % und 490 %) multipliziert und ergibt die Gewerbesteuer.

Damit Einzelpersonen und Gesellschafter von Personengesellschaften keine doppelte Ertragssteuer zahlen, wird die gezahlte Gewerbesteuer auf die Einkommensteuer angerechnet. Dafür wird der festgesetzte Gewerbesteuermessbetrag mit 3,8 (durchschnittlicher Hebesatz) multipliziert und die Einkommenssteuer nach § 35 EStG um diesen Betrag ermäßigt. Die Gewerbesteuer wird nicht mehr, wie früher gehandhabt, bei der Ermittlung der Einkünfte abgezogen. Bei Personengesellschaften wird der Gewerbesteuermessbetrag anteilig auf die Gesellschafter aufgeteilt.

Umsatzsteuer

Die Umsatzsteuer wird auch als Mehrwertsteuer bezeichnet, weil sie eigentlich nicht den Umsatz eines Unternehmens belastet, sondern nur den im Unternehmen produzierten zusätzlichen Wert besteuern soll. Sie ist eine Konsumsteuer (Verbrauchssteuer), das heißt beim Kauf eines Produktes oder einer Leistung ist die Steuer (i. d. R. 19 %) im Kaufpreis enthalten und wird durch den Verkäufer an das Finanzamt abgeführt.

Einige Leistungen sind von der Umsatzsteuerbefreit oder reduziert, so z. B. Leistungen gemeinnütziger Körperschaften, die in den ideellen Bereich fallen. Für die Landwirtschaft und Kleinunternehmer gibt es vereinfachende Regelungen zur Umsatzsteuer, weshalb diese unten dargestellt werden.

Die Bemessungsgrundlage für die Umsatzsteuer ist das Entgelt (§ 10 (2) Satz 1 UStG). Der Regelsteuersatz beträgt 19 % (§ 12 (1) UStG), der ermäßigte Steuersatz für Nahrungsmittel, Bücher, Nahverkehr u. a. (§ 12 (2) UStG) beträgt 7 %.

Vorsteuerabzug

Da die Vorleistungen, die ein Unternehmen für seine Produktion einkauft, bereits in der Vorstufe (beim Kauf) besteuert wurden, kann ein Unternehmen alle diesem Unternehmer von einem anderen Unternehmen beim Kauf von Lieferungen und sonstige Leistungen in Rechnung gestellten Umsatzsteuern beim Finanzamt als Vorsteuer geltend machen und zurückfordern.

Zentral ist die von einem Unternehmen auf der Rechnung ausgewiesene Steuer. Deshalb ist die Umsatzsteuer auf Rechnungen immer in der abgeführten Höhe auszuweisen. Rechnungen müssen deshalb bestimmte Angaben enthalten (§ 14 Abs. 4 UStG), u. a.:

- Name und Anschrift des leistenden Unternehmens und des Leistungsempfängers
- Steuernummer oder Umsatzsteueridentifikationsnummer des leistenden Unternehmens
- Ausstellungsdatum
- Fortlaufende Rechnungsnummer
- Entgelt für die Lieferung, Steuersatz und Steuerbetrag

Einige Leistungen sind umsatzsteuerfrei (z. B. Vermietung und Verpachtung von Grundstücken und Gebäuden). Auf Leistungen, die zur Herstellung umsatzsteuerfreier Leistungen notwendig sind, kann jedoch keine Vorsteuer geltend gemacht werden. Aus diesem Grund kann ein Verzicht auf Steuerbefreiung für solche steuerfreien Leistungen unter Umständen sinnvoll sein. Nämlich dann, wenn der Leistungsempfänger selber vorsteuerabzugsberechtigter Unternehmer ist und der Betrieb selber durch die Option zur Steuerpflicht Vorsteuerbeträge geltend machen kann.

Die Umsatzsteuer abführen muss der Betrieb, der eine Leistung verkauft. Die Steuer entsteht mit Ablauf des Voranmeldezeitraumes (§ 13 Abs. 1 Nr. 1a UStG). Der Voranmeldezeitraum ergibt sich aus § 18 Abs. 2 UStG und ist grundsätzlich das Kalendervierteljahr. Bei mehr als 7.500 € Steuerschuld im vergangenen Wirtschaftsjahr ist der Voranmeldezeitraum der Kalendermonat. Der Unternehmer hat innerhalb von 10 Tagen nach Ablauf des Voranmeldezeitraumes die Steuer für den Zeitraum selbst zu berechnen, anzumelden und zu entrichten. Voranmeldung und Vorauszahlung sind nur vorläufig. Die Umsatzsteuer an sich ist eine Jahressteuer. Bei einer Jahresumsatzsteuer von weniger als 1.000 € kann der Betrieb von Voranmeldung und Vorauszahlung entbunden werden. Für das Kalenderjahr muss eine Jahressteuererklärung abgegeben werden. Diese ist auch vom Betrieb zu erstellen und einzureichen. Der Unterschiedsbetrag zwischen Jahressteuererklärung und der geleisteten Steuer ist ggf. nachzuzahlen bzw. wird dem Betrieb zurückerstattet.

Umsatzsteuer in der Landwirtschaft – Pauschalieren und Option zur Regelbesteuerung

Grundsätzlich gilt in der Landwirtschaft das beschriebene allgemeine Umsatzsteuersystem. Es existiert allerdings eine wichtige Sonderregel, die Pauschalisierung oder Durchschnittssatzbesteuerung (§ 24 (1) Nr. 3 UStG).

Dabei gibt der Betrieb Produkte zum Mehrwertsteuersatz von 10,7% ab. Dieser Steuersatz muss auf der Rechnung des landwirtschaftlichen Betriebes für die abgegebenen Produkte ausgewiesen werden. Für den Betrieb entfallen jedoch die Abgabepflicht und damit auch die Verpflichtung zu Aufzeichnungen für die Umsatzsteuer. Dem Betrieb entsteht also keine Steuerlast, er muss keine Umsatzsteuer ans Finanzamt abführen. Er verzichtet dafür allerdings auf die Möglichkeit Vorsteuer geltend zu machen, d.h. gezahlte Umsatzsteuer auf Vorleistungen vom Finanzamt zurückzufordern. Unabhängig davon ist der Empfänger (Käufer) von Produkten für diese ausgekennzeichneten 10,7% vorsteuerabzugsberechtigt.

Dies stellt eine einfache und unbürokratische Regelung für landwirtschaftliche Betriebe dar. Dabei ist jedoch die Abgrenzung von landwirtschaftlichen und anderen Umsätzen zu beachten.

Es besteht für den landwirtschaftlichen Betrieb auch die Wahlmöglichkeit zur Regelbesteuerung zu optieren (§ 24 Abs. 4 UStG). Dies geschieht durch eine Erklärung gegenüber dem Finanzamt. Diese Option ist für 5 Jahre bindend.

Entscheidend für die Vorteilhaftigkeit von Pauschalierung und Option ist, ob der mögliche Vorsteuerabzug bei Regelbesteuerung höher ist als die entfallende Abführung von Umsatzsteuer bei Pauschalierung. Dazu kommt der Aufwand für Buchführung und Umsatzsteuerbearbeitung. In der Regel ist die Option zur Regelbesteuerung dann vorteilhaft, wenn der Betrieb viele Ausgaben tätigt, z.B. im Fall von kostenintensiven Investitionen (Bauphasen, Anschaffung von Maschinen etc.). Es kann deshalb bei Betriebsneugründungen sinnvoll sein, zur Regelbesteuerung zu optieren.

Bei einem pauschalierenden Betrieb besteht die Möglichkeit, durch Ausgründung einer Vertriebsgesellschaft (z.B. GmbH), die der Regelbesteuerung unterliegt, die landwirtschaftlichen Produkte zum Steuersatz von 7% an die Verbraucher*innen weiter zu geben. Die Vertriebsgesellschaft kann die gezahlte Umsatzsteuer in Höhe von 10,7% als Vorsteuer geltend machen und zurückfordern, während 7% ans Finanzamt abgeführt werden. Dadurch entsteht ein sogenannter Umsatzsteuerüberhang, das heißt für diese Umsätze entsteht statt einer Steuerschuld ein Guthaben beim Finanzamt. Es bleibt jedoch zu bedenken, dass mit einer solchen Gründung auch weiterer Aufwand (Verwaltung) verbunden ist.

Umsatzsteuern bei Kleinunternehmern und gemeinnützigen Körperschaften

Wie für landwirtschaftliche Betriebe gibt es für Kleinunternehmer Möglichkeiten zur Vereinfachung der Umsatzsteuer. Kleinunternehmer sind Unternehmer, deren Umsatz im vergangenen Kalenderjahr 17.500 € nicht überstiegen hat und im laufenden Kalenderjahr 50.000 € voraussichtlich nicht übersteigen wird (§ 19 (1) UStG). Die Umsatzsteuer wird in diesem Fall nicht erhoben, d. h. der Unternehmer muss keine Erklärungen abgeben und keine Umsatzsteuer abführen. In keinem Fall darf er Umsatzsteuer auf seinen Rechnungen ausweisen. Die Haftung dafür trägt er selbst. Ein Kleinunternehmer hat die Möglichkeit zur Regelbesteuerung zu optieren. In diesem Fall ist er für fünf Jahre an die Regelbesteuerung gebunden.

Bei gemeinnützigen Körperschaften ist wie bei der Gewerbesteuer wichtig, welchem Bereich die Umsätze zuzuordnen sind.

- Im **ideellen Bereich** fallen im eigentlichen Sinne keine steuerbaren Umsätze sondern nur Spenden und Zuschüsse an. Sie unterliegen nicht der Umsatzsteuer. Der Spender erhält keine Gegenleistung für seine Zuwendung
- Im **Zweckbetrieb** erbringt die gemeinnützige Körperschaft Leistungen zur Erfüllung ihres Satzungszweckes. Nach § 4 UStG sind verschiedene dieser Umsätze von der Umsatzsteuer befreit. Sind die Umsätze nicht steuerbefreit, so ist der ermäßigt Steuersatz von 7% (§ 12 Nr. 8a UStG) anzusetzen.
- In der **Vermögensverwaltung** gilt das gleiche wie für den Zweckbetrieb. Häufig sind diese Umsätze steuerbefreit, wenn nicht, kommt der ermäßigte Steuersatz zur Anwendung.
- Im **wirtschaftlichen Geschäftsbetrieb** unterliegen alle Leistungen und Lieferungen den üblichen steuerrechtlichen Regelungen.

Anhang

Weiterführende Literatur (Auszug)

Bährle, R. J. (2017): **Vereinsrecht – Schnell erfasst.** 2. Aufl. Springer-Verlag, Berlin Heidelberg

Beck, C.H. (2017): **Aktuelle Steuertexte 2017.** Beck´sche Textausgaben,
1. Aufl. München: Verlag C.H.Beck

Forschungsgruppe nascent (2023): **Handbuch Solidarische Landwirtschaft – Solawis erfolgreich gründen und gestalten,** https://www.solidarische-landwirtschaft.org/solawis-aufbauen/handbuch

Groh, T.; McFadden, S.; Stränz, W.; Ostrom, M. (2013): **Höfe der Zukunft: Gemeinschafts-getragene/ Solidarische Landwirtschaft (CSA),** 1. Auflage, Verlag Lebendige Erde

Kraiß, K., Heintz, V., Best, R., Stränz, W., Maschkowski, G. (2016): aid-Broschüre »**Solidarische Landwirtschaft – Gemeinschaftlich Lebensmittel produzieren**«. 3. Aufl. Bonn: Auswertungs- und Informationsdienst für Ernährung, Landwirtschaft und Forsten (AID)

Münster, T. (2006): **Die optimale Rechtsform.** Praxistipps und Checklisten für die beste Entscheidungsstrategie Rechtsfragen, Gründung, Formalitäten, Steuern.
6. Aufl. München: Redline Wirtschaft

Rüther, T. (2015): **Rechtsfragen der solidarischen Landwirtschaft,** Arbeitsblatt VI Stand 9/2015

Wesche, R.; Paas, E.-M. (2014): aid-Broschüre »**Rechtsformen landwirtschaftlicher Unternehmen**«.
3. Aufl. Bonn: Auswertungs- und Informationsdienst für Ernährung, Landwirtschaft und Forsten (AID)

Wild, S. (2012): **Sich die Ernte teilen... Einführung in die Solidarische Landwirtschaft,**
1. Aufl. Printsystem Medienverlag

Wörle-Himmel, C. (2010): **Vereine gründen und erfolgreich führen. Satzung. Versammlungen. Haftung. Gemeinnützigkeit,** 12. Aufl. München: Beck im dtv

Laufend aktualisierte Literaturliste unter
https://www.solidarische-landwirtschaft.org/solawis-aufbauen/literatur

Beratung / Kontakt

NETZWERK SOLIDARISCHE LANDWIRTSCHAFT
Solidarische Landwirtschaft e. V. | Mittelstr. 1 | 51149 Köln

FON 030 – 20 00 50 211
MAIL info@solidarische-landwirtschaft.org
WEB www.solidarische-landwirtschaft.org

Hofnachfolge und Betriebsgründung

HOFGRÜNDER.DE

Sehr gute Darstellung zu Rechtsformen und Vertragsgestaltung sowie Beratung zu Betriebsübergabe und Betriebsneugründung:

Stiftung Agrarkultur leben gGmbH
Weingasse 10 | 36199 Rotenburg an der Fulda
FON 06623 – 91 57-380 | FAX 06623 – 91 57-389 | WEB www.hofgruender.de

Ansprechpersonen:
Dipl.-Ing. agr. Christian Vieth
MAIL vieth@hofgruender.de

Dipl.-Ing. agr. Dorothea Pille
MAIL pille@hofgruender.de

ÖKO-JUNGLANDWIRTE NETZWERK

Das Öko-Junglandwirte Netzwerk organisiert u. a. die Öko-Junglandwirte-Tagung sowie das Kontaktforum Hofübergabe und ist eine Plattform zur Vernetzung und Information für Junglandwirte.

Stiftung Ökologie & Landbau (SÖL)
Weinstraße Süd 51 | 67089 Bad Dürkheim
FON 06322 – 98 970-0 | MAIL info@soel.de | WEB www.soel.de

Ansprechperson:
Johannes Augustin | FON 06322 – 98 970-231 | MAIL augustin@soel.de
WEB www.oeko-junglandwirte-netzwerk.de

HESSISCHE HOFBÖRSE

Landesbetrieb Landwirtschaft Hessen
Herr Sandkühler | Pfützenstraße 67 | 64347 Griesheim
FON 06155 – 79 800-35 | MOBIL 0151 – 14 27 31 36 | FAX 06155 – 79 800-60

Hessische Landgesellschaft mbH
Herr Wege | Asterweg 20 | 35390 Gießen
FON 0641 – 93 216-34 | MOBIL 0160 – 36 70 476 | FAX 0641 – 39 09 89
MAIL info@hessische-hofboerse.de | WEB www.hessische-hofboerse.de

Die Offizialberatung des Landes Hessen im Landesbetrieb Landwirtschaft Hessen (LLH) bietet eine neutrale und praxisnahe Beratung für Landwirtschaft und Gartenbau in allen hessischen Regionen. Die Beratung bedient die Themen der Nachhaltigkeit, des Ressourcenschutz, der Produktionstechnik und des Betriebsmanagements und arbeitet auch zu den Fragen aus Hofübergabe und Betriebsgründung.

Informationen zur LLH Beratung und zu den Beratungskräften finden Interessierte unter:
WEB www.llh.hessen.de

HOFÜBERGABEPORTAL: GESUCHT – GEFUNDEN

WEB www.hof-gesucht-gefunden.de

Rechtsanwälte und Steuerberater

THOMAS RÜTER (RECHTSANWALT)

Hohage, May und Partner | Brehmstr. 3 | 30173 Hannover
FON 0511 – 89 88 14-0 | MOBIL 0174 – 94 17 392
MAIL rueter@hohage-may.de | WEB www.hohage-may.de

BEATRICE NOLTE (RECHTSANWÄLTIN)

Karl-Marx-Str. 135 | 12043 Berlin
FON 030 – 68 05 64 70
MAIL kanzlei.nolte@posteo.org | WEB www.rechtsberatung-nolte.de

Landkauf und Trägerschaft

KULTURLAND-GENOSSENSCHAFT

Eigentumsträger für landwirtschaftliche Flächen
Kulturland eG | Hauptstraße 19 | 29456 Hitzacker
FON 05862 – 94 110-33

Ansprechperson: Titus Bahner
MAIL info@kulturland-eg.de | WEB www.kulturland-eg.de

NETZWERK LANDWIRTSCHAFT ALS GEMEINGUT

c/o Hohage, May und Partner | Brehmstr. 3 | 30173 Hannover
FON 0511 – 89 88 14-0 | MOBIL 0174 – 94 17 392
MAIL rueter@hohage-may.de | WEB www.hohage-may.de

ACKERSYNDIKAT

c/o Gunter Kramp, Kommune Niederkaufungen | Kirchweg 3 | 34260 Kaufungen
FON 05605 – 80 07-60 | FAX 05605 – 80 07-40
MAIL kontakt@ackersyndikat.org

BIOBODEN GENOSSENSCHAFT EG

Dorfstraße 58 | 17321 Rothenklempenow
Mitgliederbetreuung: Christstraße 9 | 44789 Bochum
FON 0234 – 41 47 02-00 | MAIL info@bioboden.de | WEB www.bioboden.de

Weitere Information und Beratung

BUNDESARBEITSGEMEINSCHAFT FAMILIE UND BETRIEB
[Sozialberatung]
WEB www.landwirtschaftliche-familienberatung.de

MATTHIAS ZAISER BETRIEBSENTWICKLUNG
[Betriebswirtschaftliche Beratung]
WEB www.matthiaszaiser.de

MARIANNE NOBELMANN
[Coaching, Konfliktberatung und Unternehmensentwickung]
WEB www.nobelmann.de

ARBEITSGEMEINSCHAFT BÄUERLICHE LANDWIRTSCHAFT
Bundesgeschäftsstelle
Bahnhofstraße 31 | 59065 Hamm
MAIL info@abl-ev.de | WEB www.abl-ev.de | www.bauernstimme.de

Kontakt zu vorgestellten Höfen

SOLIDARISCHE GEMÜSEKOOPERATIVE ROTE BEETE
An der Schmiede 4 | 04425 Sehlis/Taucha
FON 034298 – 49 51 68
MAIL leipzig@gartencoop.org | WEB www.rotebeete.org

CSA HOF PENTE GBR
Gemeinschaftsgetragene Landwirtschaft
Osnabruecker Str. 73 | 49565 Bramsche
FON 05407 – 89 84 517 | FAX 05407 – 89 84 518
WEB www.hofpente.de

BUSCHBERGHOF
Kurfürstenstraße 10 | 22041 Hamburg
Ansprechperson: Wolfgang Stränz
FON 040 – 65 64 984 | MAIL wolfgang@straenz.com

GÄRTNERHOF ENTRUP 119
Entrup 119 | 48341 Altenberge
Ansprechperson: Christiane Bez (1. Vorsitzende der Gärtnerhof-Entrup eG)
FON 02505 – 33 61 | FAX 02505 – 99 15 98
MAIL mail@entrup119.de | WEB www.entrup119.de

SCHINKELER HÖFE

Schinkeler Höfe | c/o Wiebke Freudenberg | Pommernring 21 | 24161 Altenholz
FON 04354 – 99 60 520 (Mo bis Fr: 10–16 Uhr, außerhalb der Zeiten AB)
MAIL info@schinkeler-hoefe.de | WEB www.schinkeler-hoefe.de

GÄRTNERHOF LANDOLFSHAUSEN

Oberdorf 5 | 37136 Landolfshausen
Ansprechpersonen: Kerstin Krämer & Andreas Lechte
FON 05507 – 26 45 | MAIL postmaster@gaertnerhof-landolfshausen.de
WEB www.gaertnerhof-landolfshausen.de

HOF TANGSEHL

Tangsehl 2 | 21369 Nahrendorf
FON 05855 – 12 78
MAIL info@tangsehl.de | csa@tangsehl.de | WEB www.tangsehl.de

SOLIDARISCHE LANDWIRTSCHAFT GUT WEGSCHEID

Daniel Bosse | Schmiedgasse 7 | 52074 Aachen
FON 0241 – 99 03 55 85
MAIL solawi@gut-wegscheid.de | WEB www.gut-wegscheid.de

KARTOFFELKOMBINAT

Von-Kahr-Str. 24a | 80997 München
Ansprechperson: Daniel Überall | MOBIL 0179 – 29 55 755
MAIL info@kartoffelkombinat.de | WEB www.kartoffelkombinat.de

SOLAWI RAVENSBURG E. V.

Hüttenweg 30 | 88213 Bavendorf/Ravensburg
Ansprechperson: Sonja Hummel
MOBIL 0173 – 19 21 401
MAIL hummel.sonja@solawi-ravensburg.de | WEB www.solawi-ravensburg.de

KATTENDORFER HOF

Dorfstraße 1 a | 24568 Kattendorf
Ansprechperson: Mathias v. Mirbach | FON 04191 – 90 94 36
MAIL kattendorfer-hof@t-online.de | WEB www.kattendorfer-hof.de

MARKUSHOFGEMEINSCHAFT

Ansprechperson: Kathleen Cross
MAIL info@solawi-rhein-neckar.org | WEB www.solawi-rhein-neckar.org

SOLIDARISCHE LANDWIRTSCHAFT AUF DEM HOF ZUR BUNTEN KUH KG
Lichtenwalder Str. 1 | 09669 Frankenberg
Ansprechpersonen: Diana Rülke und Ina Hoyer
FON 037 – 20 68 85-442 | FAX 037 – 20 68 85-443
MOBIL (Hof): 0151 – 23 07 25 03 | MOBIL (Ina): 0177 – 16 99 268
WEB www.diebuntekuh.info

SPEISEGUT
Postfach 22 00 02 | 14061 Berlin
Ansprechperson: Christian Heymann
FON 030 – 32 50 10 39 | MOBIL 0174 – 85 39 525
MAIL bauer@speisegut.com | WEB www.speisegut.com

WEIDENHOF
Rieper Moor 2 | 29640 Lünzen
MAIL info@weidenhof.de | WEB www.weidenhof.de

WURZELWERK/ROTE RÜBE
Kirchweg 1 | 34260 Kaufungen
WEB www.solawi-kassel.de

Abkürzungen

AG .... Arbeitsgemeinschaft
AG .... Aktiengesellschaft
AK..................... Arbeitskraft
AO .... Abgabenordnung
BewG .... Bewertungsgesetz
BuFDi .... Bundesfreiwilligendienst
CSA .... Community Supported Agriculture
e.V. .... eingetragener Verein
EA .... Ernteanteil
eG .... eingetragene Genossenschaft
EStDV .... Einkommensteuer-Durchführungsverordnung
EStG .... Einkommensteuergesetz
FÖJ .... Freiwilliges ökologisches Jahr
GbR .... Gesellschaft bürgerlichen Rechts
GenG .... Genossenschaftsgesetz
GewStG............. Gewerbesteuergesetz
gGmbH .... gemeinnützige Gesellschaft mit beschränkter Haftung
GmbH .... Gesellschaft mit beschränkter Haftung
GmbHG............. GmbH-Gesetz
GVE.................... Großvieheinheit
ha .... Hektar
HGB................... Handelsgesetzbuch
KG .... Kommanditgesellschaft
KGaA .... KG auf Aktien
LuF-Betrieb .... Land- und forstwirtschaftlicher Betrieb
MwSt. .... Mehrwertsteuer
n. e. V. .... nicht eingetragener Verein
OHG................... offene Handesgesellschaft
PartG................. Partnergesellschaft
SE....................... Europäische Aktiengesellschaft (Societas Europae)
UG .... Unternehmergesellschaft
UStG .... Umsatzsteuergesetz
VE .... Vieheinheit
w. V. .... wirtschaftlicher Verein
WWOOF............ World-Wide Opportunities on Organic Farms

Über den Autor

Veikko Heintz ist Diplom-Agrar Ingenieur (Acker- und Pflanzenbau) und M.Sc. (Agrarökonomie). Er hat mehr als acht Jahre in Mecklenburg und der Uckermark als Landwirt gearbeitet und ist seit der Gründung 2011 im Netzwerk Solidarische Landwirtschaft und zu verschiedenen landwirtschaftspolitischen Themenfeldern aktiv. Er lebt in Berlin, arbeitet als wissenschaftlicher Mitarbeiter und daneben freiberuflich.